Adierazpen grafikoa

Sistema diedrikoko eta akotatuko ariketa ebatziak

Expresión gráfica

Ejercicios resueltos en el sistema diédrico y acotado

Adierazpen grafikoa

Sistema diedrikoko eta akotatuko ariketa ebatziak

Expresión gráfica

Ejercicios resueltos en el sistema diédrico y acotado

Irantzu Álvarez González

María José García López

eman ta zabal zazu

Universidad   Euskal Herriko
del País Vasco Unibertsitatea

CIP. Unibertsitateko Biblioteka
Álvarez González, Irantzu

Adierazpen grafikoa : sistema diedrikoko eta akotatuko ariketa ebatziak = Expresión gráfica : ejercicios resueltos en el sistema diédrico y acotado / Irantzu Álvarez González, María José García López. – [Leioa] : Universidad del País Vasco / Euskal Herriko Unibertsitatea, Argitalpen Zerbitzua = Servicio Editorial, D.L. 2024. – 147 p. : il. ; 30 cm. – (Unibertsitateko Eskuliburuak = Manuales Universitarios)

Texto bilingüe en euskara y español.

D.L.: BI 01304-2024. — ISBN: 978-84-9082-820-5.

1. Geometría descriptiva – Problemas y ejercicios. 2. Dibujo técnico – Problemas y ejercicios. 3. Ingeniería – Métodos gráficos. I. García López, María José, coaut. II. Tít.: Expresión gráfica: ejercicios resueltos en el sistema diédrico y acotado.

744(076.3)
514.18(076.3)

PEFC
PEFC/14-33-00010

HITZAURREA

PRÓLOGO

Liburu hau Adierazpen Grafikoaren arloan irakaskuntzan emandako urte askoren emaitza da. UPV/EHUko Euskara Zerbitzuari eta Argitalpen Zerbitzuari esker argitaratutako beste bi eskuliburuen jarraipena da. Haietan, bi irudikapen-sistemen kontzeptu teorikoak azaltzen dira, hala nola Sistema Diedrikoa eta Plano Akotatuen Sistema. Lan horiek izan duten harrera onari esker, eskuliburu haietan planteatzen genituen ariketak ikasleentzat zein gure arloko beste irakasleentzat baliagarriak direla egiaztatu ahal izan dugu. Horregatik, liburu haietan sartu ez ziren ariketen liburuki bat argitaratzeak trilogia osa zezakeela pentsatu genuen eta, horrela, Adierazpen Grafikoaren irakaskuntzarako material multzo bat sortzen lagundu genezakeela.

Liburuak Sistema Diedrikoan eta Plano Akotatuen Sisteman ebatzitako ariketa ugari biltzen ditu. Egileek azterketetarako eta ikasgelako ariketetarako sortutako ariketak dira guztiak, eta aukeratu ditugu geometria deskriptiboaren kontzeptuak barneratzeko eta espazio-ikuspegia garatzeko duten eraginkortasuna egiaztatu ahal izan dugulako. Horiek guztiak aplikatutako ariketak dira, eta ingeniaritzarekin lotutako problema praktikoak ebazteko jakintza-arlo horrek duen erabilgarritasuna ulertzea ahalbidetzen dute. Ariketa guztiak enuntziatuarekin eta soluzioarekin aurkezten dira.

Liburua euskaraz eta gaztelaniaz idatzita dago. Ariketa-liburua denez, testuak enun-

Este libro es el fruto de muchos años dedicados a la docencia en el campo de la Expresión Gráfica. Es la continuación de otros dos manuales publicados gracias también al Servicio de Euskera y al Servicio Editorial de la UPV/EHU en las que se explican los conceptos teóricos de dos sistemas de representación, como son, el Sistema Diédrico y el Sistema de Planos Acotados. Gracias a la buena acogida de esos trabajos hemos podido comprobar que los ejercicios que planteábamos en aquellos manuales son de utilidad tanto para el alumnado como para el resto del profesorado de nuestra área y, por ello, pensamos que la publicación de un volumen con los ejercicios que no entraron en aquellos libros podría completar la trilogía y ayudar a crear un conjunto de materiales que sirvan para la docencia de la Expresión Gráfica.

El libro contiene una gran cantidad de ejercicios resueltos tanto en el Sistema Diédrico como en el Sistema de Planos Acotados. Son todos ellos ejercicios creados por las autoras para exámenes y ejercicios de clase y se han seleccionado porque hemos podido comprobar su efectividad para asimilar los conceptos de geometría descriptiva y para desarrollar la visión espacial. Todos ellos son ejercicios aplicados, que permiten comprender la utilidad de este campo de conocimiento en la solución de problemas prácticos relacionados con la ingeniería. Todos los ejercicios se presentan con su enunciado y su solución.

El libro está escrito en euskera y castellano. Al ser un libro de ejercicios, los textos

tziatuetara mugatzen dira, eta, ariketak hala eskatzen duenean, ohar batzuk gehitu ditugu bi hizkuntzetan. Hizkuntza grafikoa hizkuntza unibertsala da eta, beraz, ariketa-bilduma hau erabilgarria izan daiteke Adierazpen Grafikoari buruzko ezagutzak praktikan jarri nahi dituzten pertsona guztientzat.

UPV/EHUko Euskara Zerbitzuari eta Argitalpen Zerbitzuari eskerrak eman nahi dizkiegu eskuliburu hau argitaratzeko egindako lanagatik eta erakutsitako eskuzabaltasunagatik, bai eta argitalpen berri hau egitera bultzatu gaituzten UPV/EHUko Adierazpen Grafikoa eta Ingeniaritzako Proiektuen Saileko lankide guztiei ere.

se limitan a los enunciados y, cuando el ejercicio lo requiere, se han añadido algunas notas en los dos idiomas. El lenguaje gráfico es un idioma universal y, por tanto, esta colección de ejercicios puede ser de utilidad para todas las personas que quieran poner en práctica sus conocimientos de la Expresión Gráfica.

Queremos dar las gracias al Servicio de Euskera y al Servicio Editorial de la UPV/EHU por su labor y generosidad en la publicación de este manual y a todos los compañeros y compañeras del departamento de Expresión Gráfica y Proyectos de Ingeniería de la UPV/EHU que nos han animado a hacer esta nueva publicación.

AURKIBIDEA / ÍNDICE

Sistema Diedrikoa

Sistema Diédrico

Honako proiekzio hauek hiru triangelu berdinez osatutako egurrezko eskultura bat adierazten dute. Eskatzen da:

1. Eskultura osatzen duten planoen arteko angeluak kalkulatzea eta hiru triangeluen benetako magnitudea zehaztea, hirurak berdinak izanik.
2. "T" puntutik burdinezko tirante bat botako da eskulturari hobeto eusteko eta ABE planoarekiko elkarzuta izango da. Kalkulatu tirantearen luzera eta malda.

Eskala 1:100

Las proyecciones dadas muestran una escultura de madera compuesta por tres triángulos iguales. Se pide:

1. Calcular el ángulo entre los planos que conforman la escultura y la verdadera magnitud de los tres triángulos, que son iguales.
2. Desde el punto "T" se tirará un tirante de hierro para una mejor sujeción de la misma y será perpendicular al plano ABE. Calcular la longitud y la pendiente del tirante.

Escala 1:100

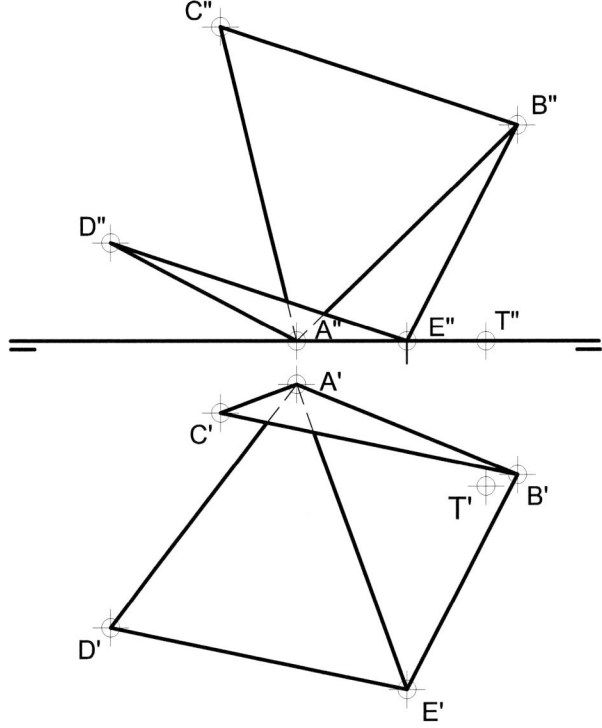

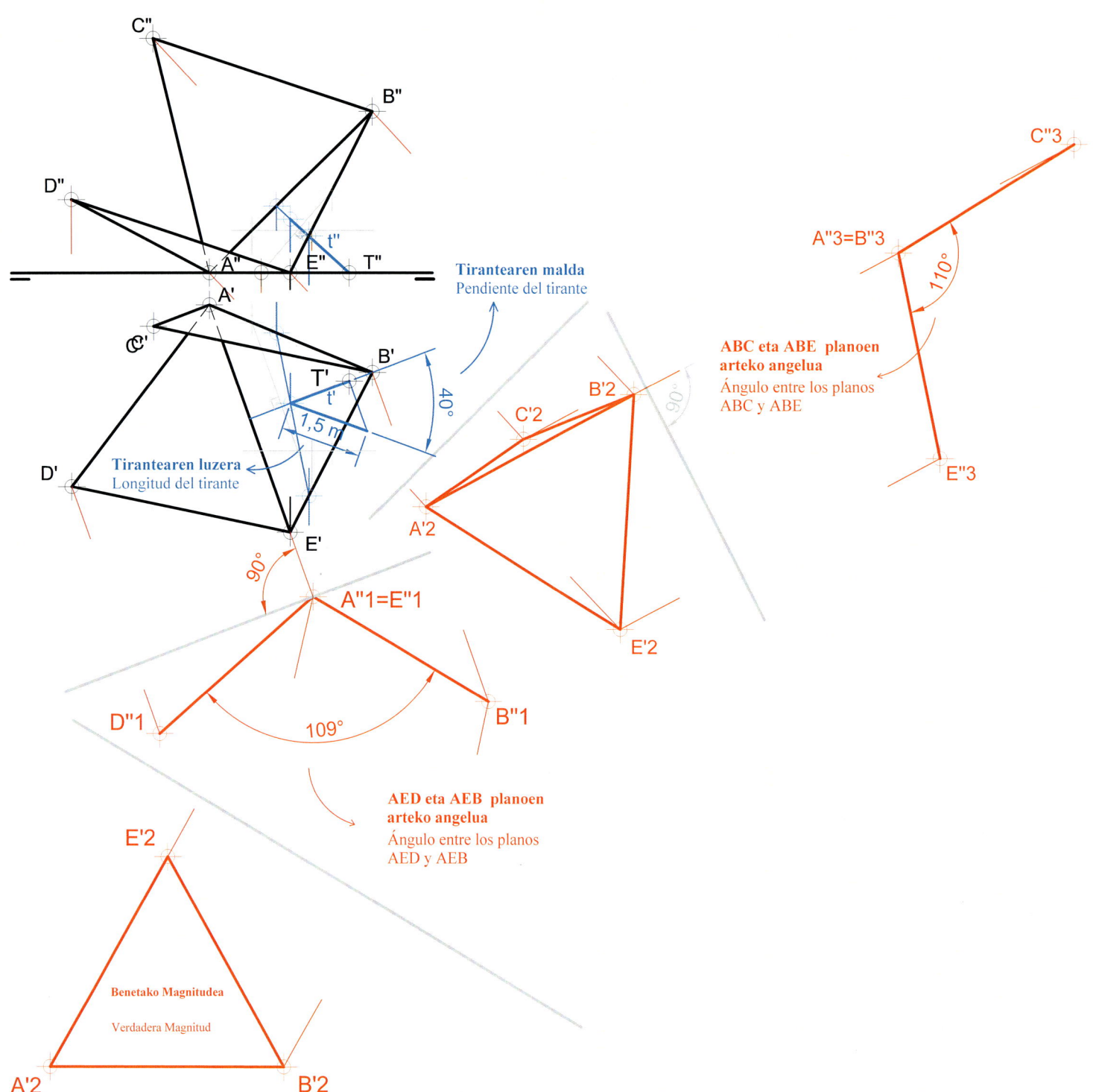

Tirantearen malda
Pendiente del tirante

Tirantearen luzera
Longitud del tirante

1,5 m

40°

ABC eta ABE planoen arteko angelua
Ángulo entre los planos ABC y ABE

110°

AED eta AEB planoen arteko angelua
Ángulo entre los planos AED y AEB

109°

90°

Benetako Magnitudea
Verdadera Magnitud

Irudian tobera bat ageri da, eta han, P puntuarekin konektatuko duen hustuketa-zulo bat egin nahi da. Lotura-hodiak 45°-ko malda izan behar du, eta ahalik eta laburrena izan behar da.

1. Hodiaren proiekzioak marraztu eta haren luzera kalkulatu.
2. Kalkulatu tobera osatzen duten txapen arteko angelua.
3. Aurkitu tobera osatzen duten txapetako baten benetako magnitudea.

Eskala 1:100

En la figura se muestra una tolva en la que se pretende hacer un agujero de vaciado que conecte con el punto P. La tubería de unión tiene que tener una pendiente de 45° y ser lo más corta posible.

1. Determinar las proyecciones de la tubería y su longitud.
2. Calcular el ángulo entre las chapas que forman la tolva.
3. Hallar la verdadera magnitud de una de las chapas que forman la tolva.

Escala 1:100

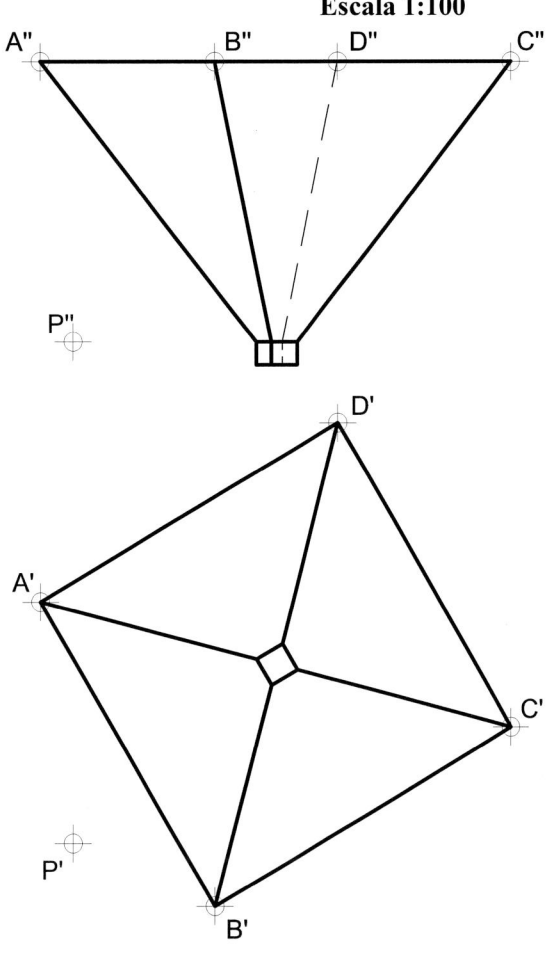

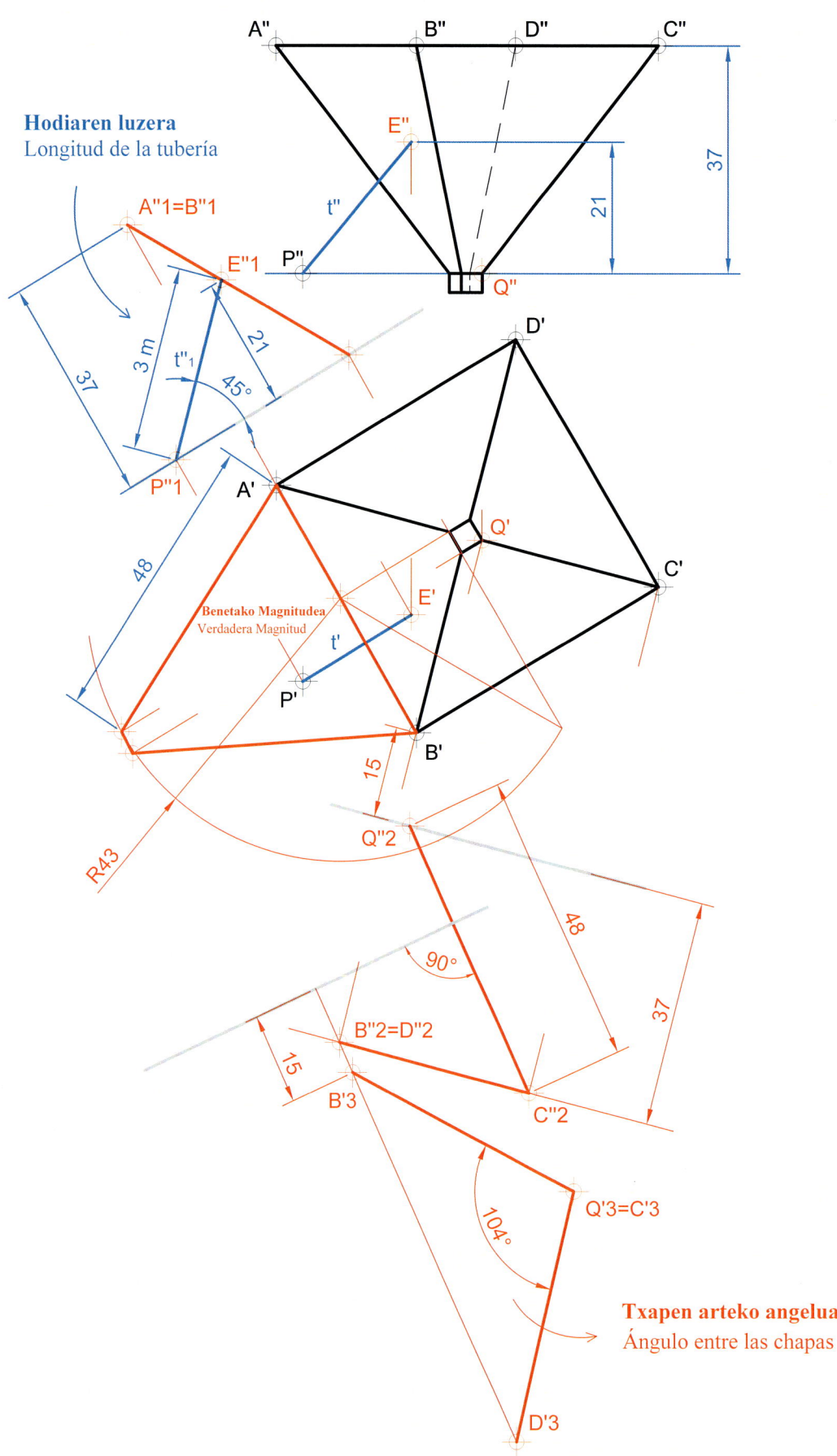

Hodiaren luzera
Longitud de la tubería

Benetako Magnitudea
Verdadera Magnitud

Txapen arteko angelua
Ángulo entre las chapas

16

5,5 metroko altuera duen masta bertikal bat (CD) eta AB alanbre bat irudian adierazten den bezala kokatuta daude. Aurkitu ezazu X puntutik abiatzen den alanbre-haizea (XY) lotzeko mastaren punturik altuena, puntu horren eta AB alanbrearen arteko distantzia gutxienez 0,6 metrokoa izan behar bada.

Eskala 1:100

Un mástil vertical (CD) de 5,5 metros de altura y un alambre AB están situados tal y como se indica en la figura. Hallar el punto más alto posible del mástil en el cual hay que atar un viento de alambre (XY) que parte del punto X, si la distancia entre éste y el alambre AB ha de ser, por lo menos de 0,6 metros.

Escala 1:100

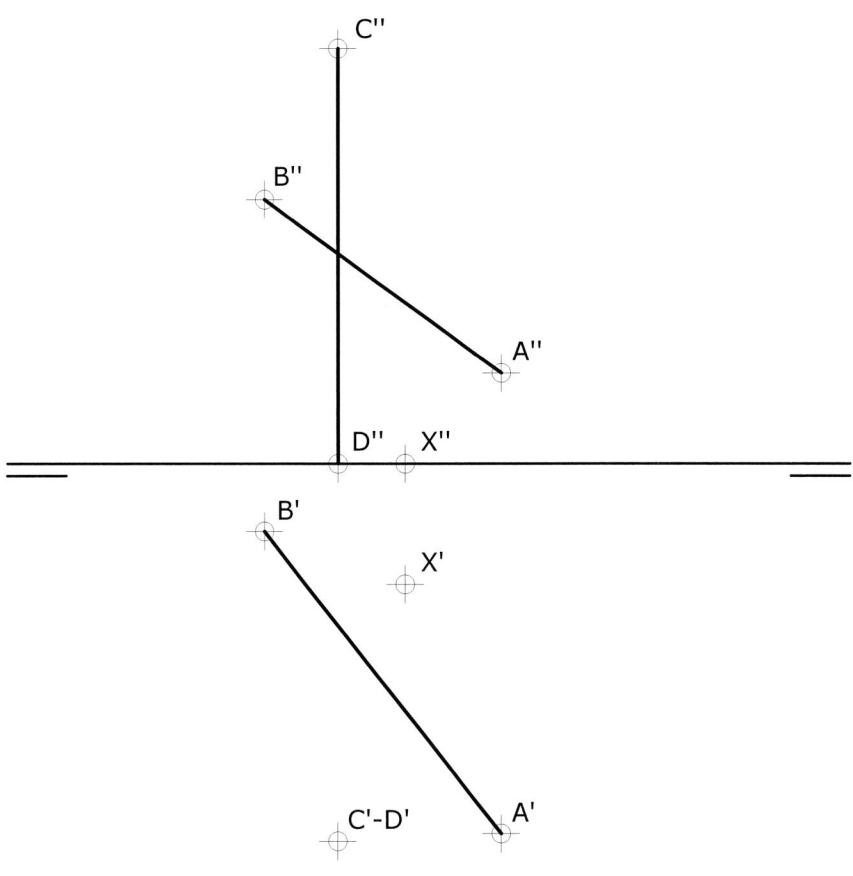

Prozesua:

- AB puntako zuzen bezala jarri (bi plano-aldaketa).
- Eraman X eta masta proiekzio horretaraino.
- AB-n zentroa jarrita, 6 mm-ko erradio-zirkulua marraztu.
- X'_1-etik mastarekiko ukitzailea marraztu. Elkargunea Y puntua izango da.
- Plano-aldaketak desegin eta hasierako proiekziora eraman.

Proceso:

- Poner AB como recta de punta (dos cambios de plano).
- Llevar X y el mástil hasta esa proyección.
- Con centro en AB trazar un círculo de radio 6 mm.
- Desde X'_1 trazar una tangente al mástil. La intersección será el punto Y.
- Deshacer los cambios de plano y llevar Y a la proyección inicial.

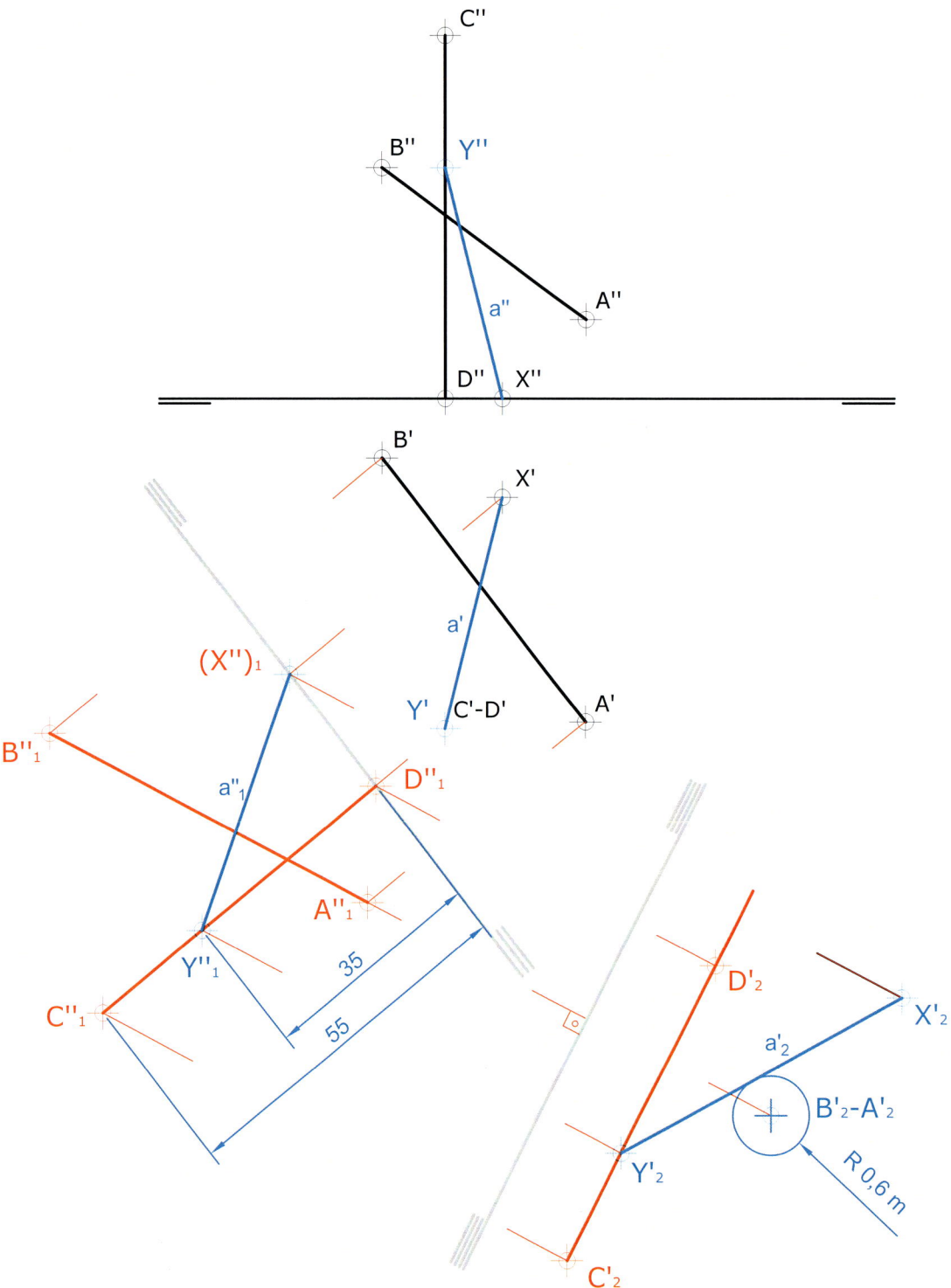

Irudiko proiekzioak altzairuzko xaflez osatutako eskultura bati dagozkio.

1. Osatu ABGH xaflaren proiekzio bertikala.
2. Zehaztu GB ertz bera daukaten xaflen arteko angelua.
3. Zehaztu FD ertz bera daukaten xaflen arteko angelua.
4. Aurkitu altzairuzko xafla guztien azalera.

Eskala 1:50

Las proyecciones que se presentan corresponden a una escultura formada por planchas de acero.

1. Completar la proyección vertical de la plancha ABGH.
2. El ángulo entre las planchas cuya arista común es la GB.
3. El ángulo entre las planchas cuya arista común es la FD.
4. Hallar la superficie total de las planchas de acero.

Escala 1:50

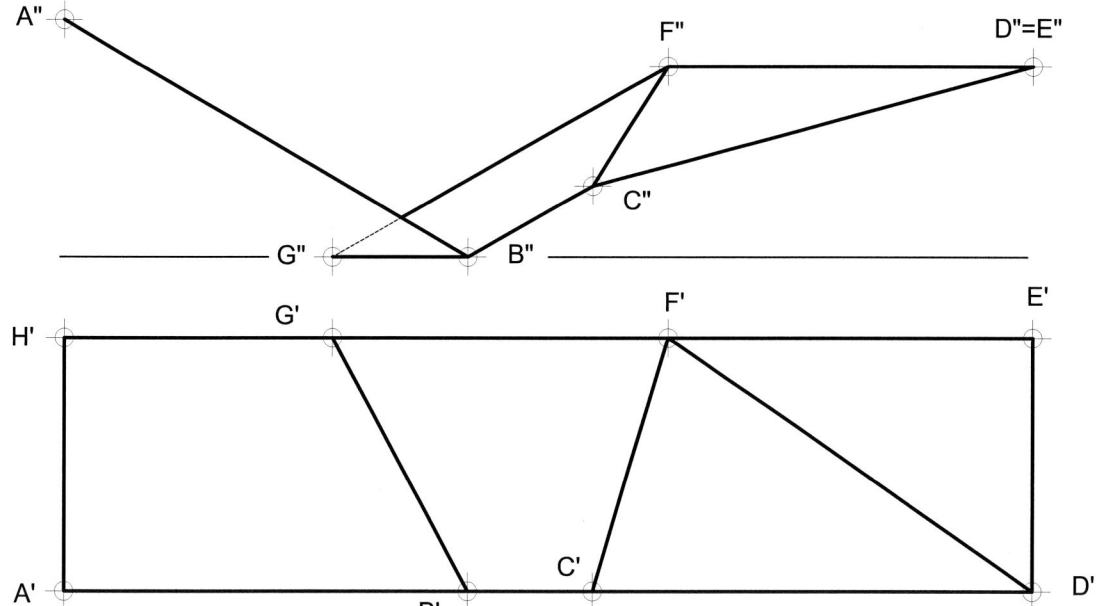

Xafla guztien azalera: 13,55 m²
Superficie de las chapas: 13,55 m²

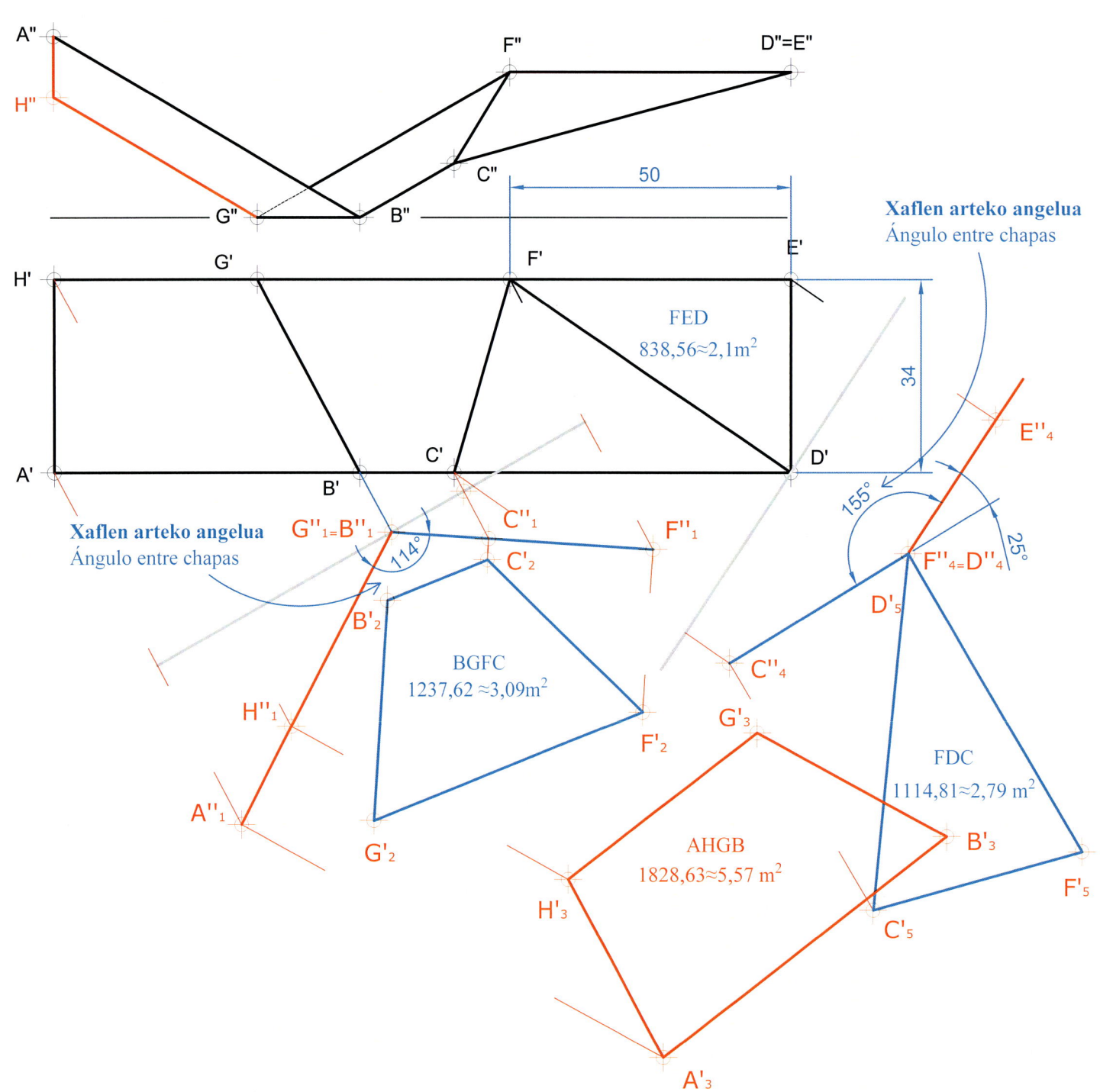

Xaflen arteko angelua
Ángulo entre chapas

FED
838,56≈2,1m²

Xaflen arteko angelua
Ángulo entre chapas

BGFC
1237,62 ≈3,09m²

FDC
1114,81≈2,79 m²

AHGB
1828,63≈5,57 m²

Bi hodi A-B eta C-D ardatzen bidez adierazita daude. Marraztu ezazu biak lotuko dituen X-Y hodia (X A-B hodian egongo da eta Y C-D hodian), haren norabidea 45° IM-koa eta malda 30°-koa IM-rantz beheranzkoa izanik.

Dos tuberías están representadas por sus ejes A-B y C-D. Dibujar la tubería X-Y (X en A-B e Y en C-D) que teniendo una dirección de 45° NO y una pendiente descendente hacia en NO de 30°, una ambas tuberías.

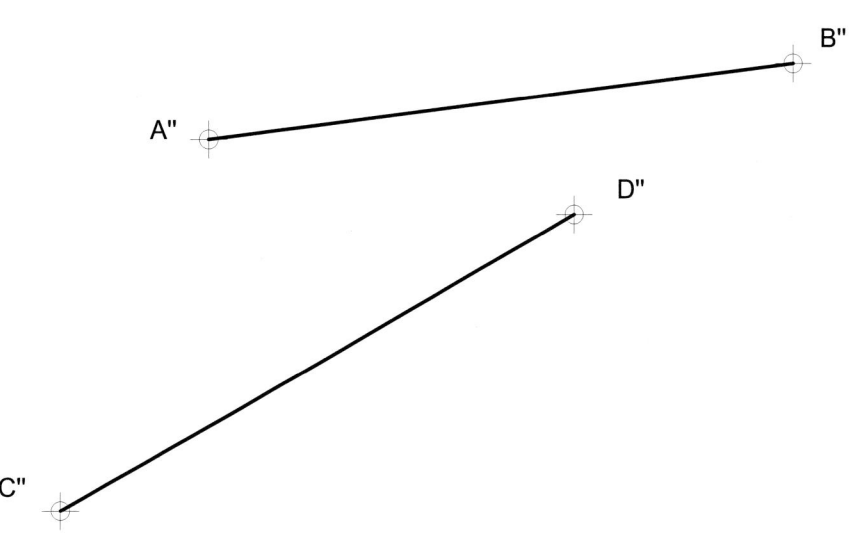

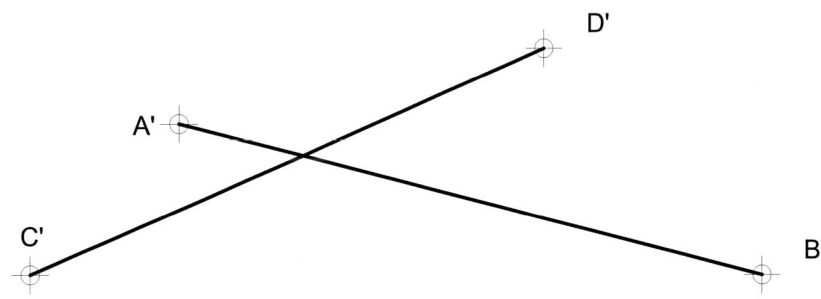

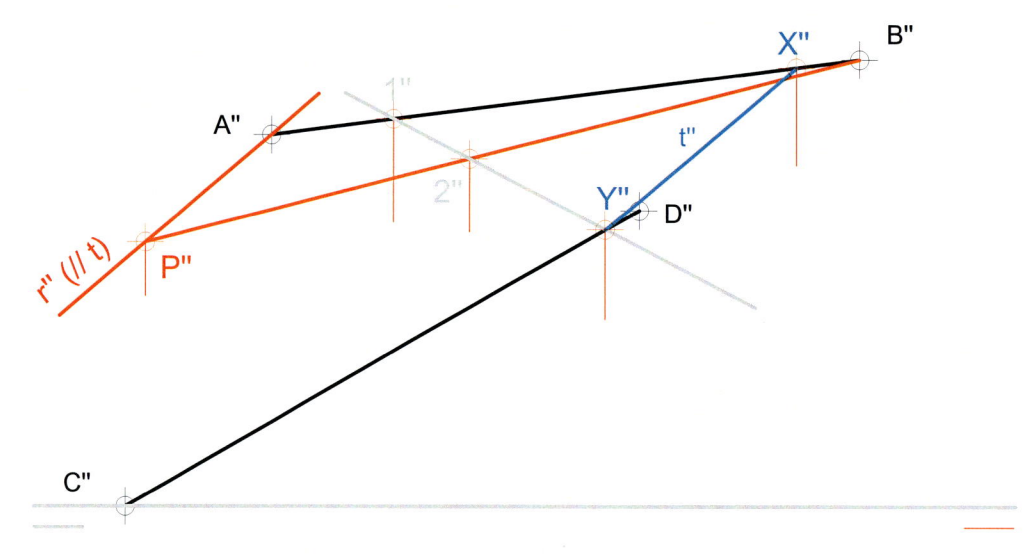

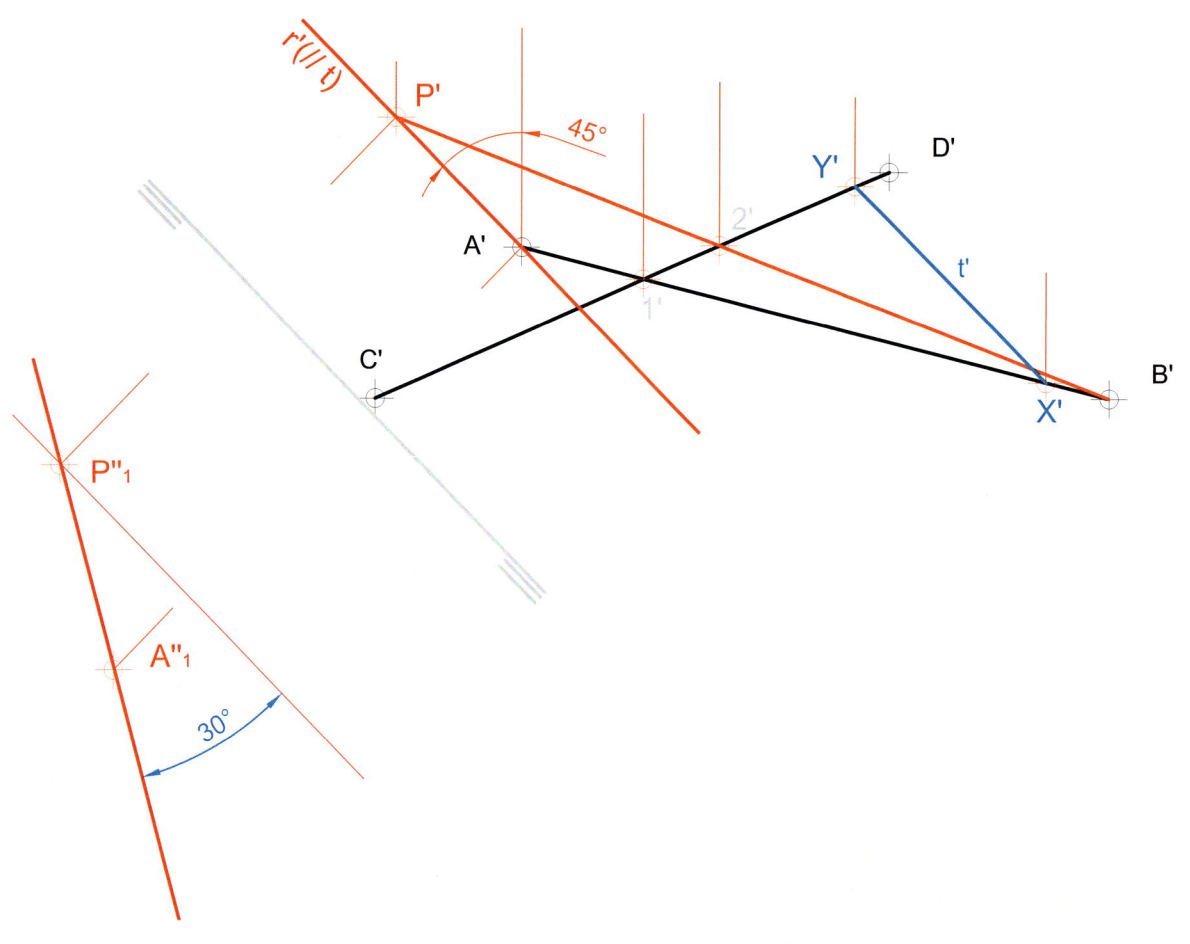

Emandako estalkiaren proiekzioak oinarritzat hartuz:
- Kalkula itzazu A eta B isurialdeen malda-angelua.
- B erako bi isurialdeen arteko angelua.
- A erako isurialdeen azalera m²-tan.

Mastetatik (m) bi tirante eraiki nahi dira, masten punturik altuenetik estalkiko gertuen dauden isurialderaino, eta haien luzera ahalik eta laburrena izan behar da.

- Marraztu itzazu tiranteen proiekzioak eta bere luzera kalkulatu.

Eskala 1:200

A partir de las proyecciones de la cubierta dadas:
- Calcular el ángulo de pendiente de los los faldones (A y B).
- El ángulo entre los faldones tipo B.
- El área de los faldones tipo A en m².

Desde los mástiles (m) se pretende tirar dos tirantes, desde su punto más alto, hacia los faldones más próximos de la cubierta, de forma que su longitud sea la más corta posible.

- Dibujar los tirantes en proyecciones y calcular su longitud.

Escala 1:200

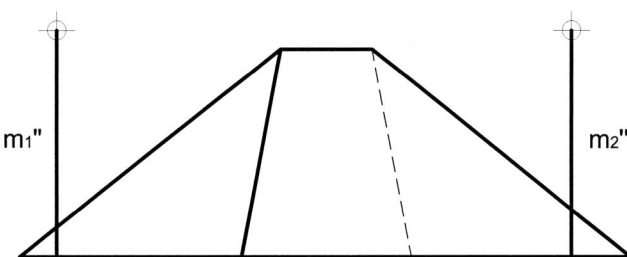

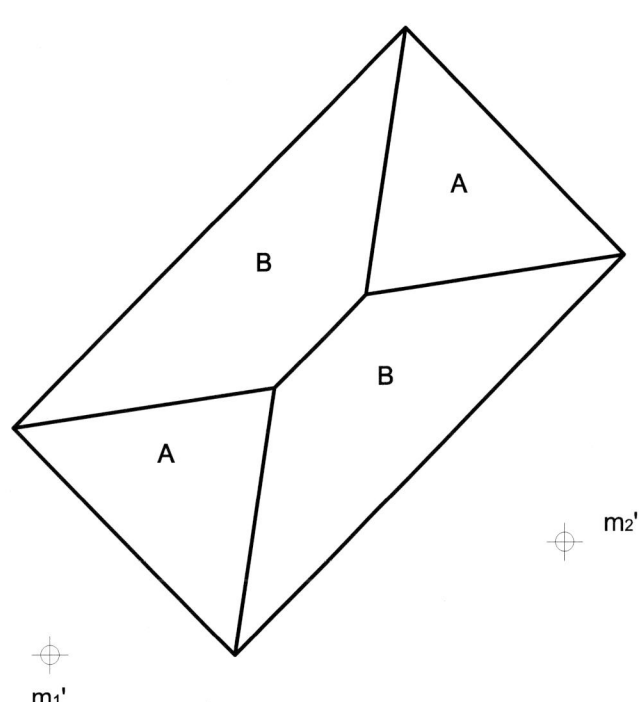

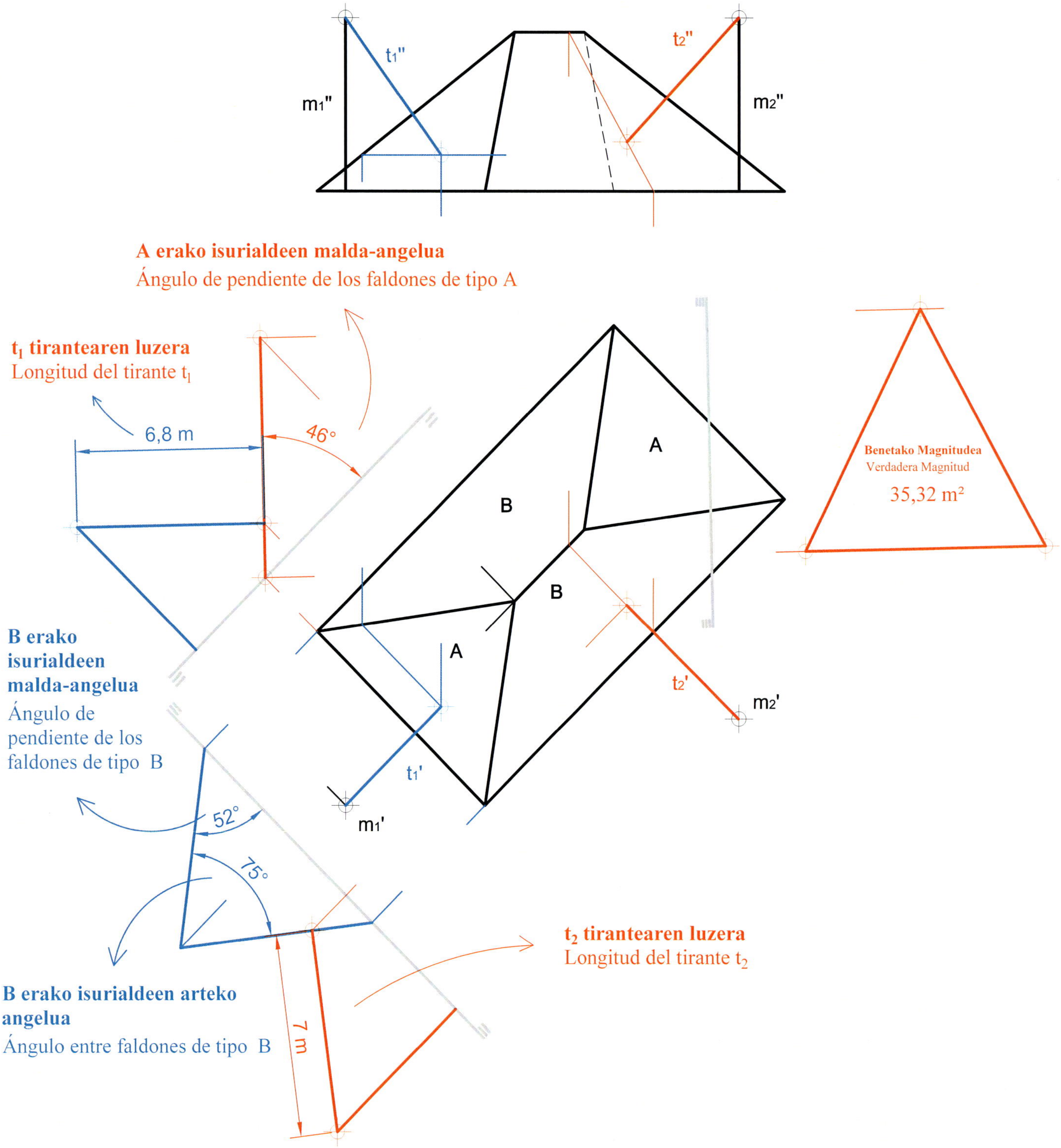

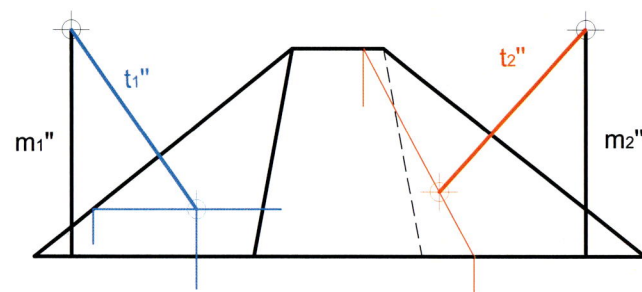

$t_1"$

$m_1"$

$t_2"$

$m_2"$

A erako isurialdeen malda-angelua
Ángulo de pendiente de los faldones de tipo A

t_1 tirantearen luzera
Longitud del tirante t_1

6,8 m

46°

A

B

B

A

B erako isurialdeen malda-angelua
Ángulo de pendiente de los faldones de tipo B

t_1'

m_1'

t_2'

m_2'

Benetako Magnitudea
Verdadera Magnitud

35,32 m²

52°

75°

B erako isurialdeen arteko angelua
Ángulo entre faldones de tipo B

7 m

t_2 tirantearen luzera
Longitud del tirante t_2

Hiruki formako ABC egitura bat hiru barraz osaturik dago. AB barra 6 metro luze da, eta, 45° IM-ko norabidea eta 30°-ko goranzko malda dauzka. AC barrak 30° IE-ko norabidea eta %100-eko goranzko malda dauzka. BC barra horizontala da.
Aurkitu:
a) Egituraren proiekzio diedrikoak.
b) AC eta BC barren luzera.
c) AB eta AC barren arteko angelua.

Eskala 1:100

Una estructura triangular ABC está formada por tres barras. La barra AB es de 6 metros, dirección 45° NO y pendiente 30° ascendente. La barra AC tiene una dirección de 30° NE, pendiente del 100% ascendente. La barra BC es horizontal.
Hallar:
a) Proyecciones diédricas de la estructura.
b) Longitud de las barras AC y BC.
c) Ángulo entre las barras AB y AC.

Escala 1:100

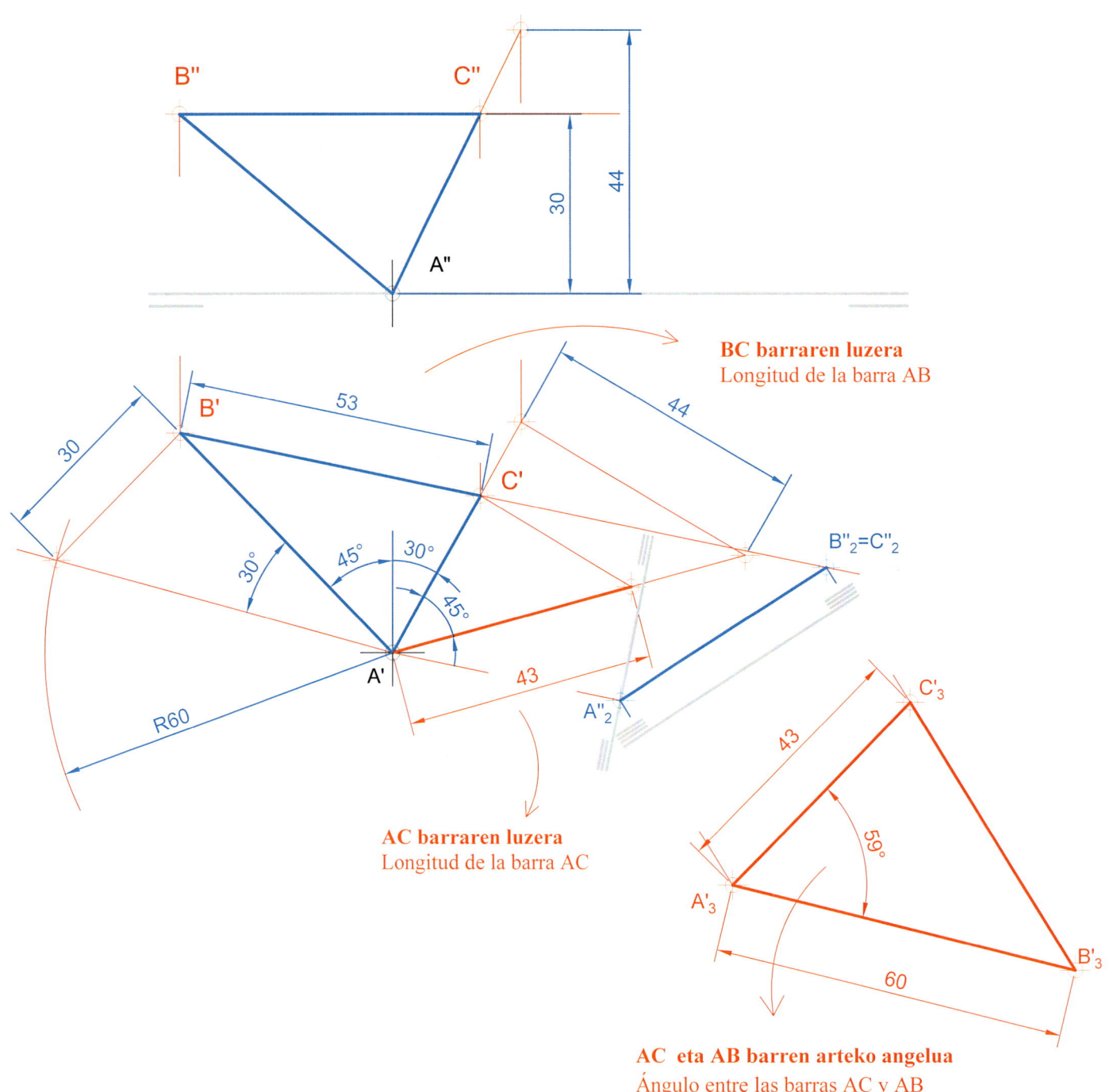

B"   C"

44

30

A"

53

30

B'

44

R60

30°

45°   30°

45°

A'

43

AC barraren luzera
Longitud de la barra AC

C'

B"₂=C"₂

A"₂

BC barraren luzera
Longitud de la barra AB

C'₃

43

59°

A'₃

60

B'₃

AC eta AB barren arteko angelua
Ángulo entre las barras AC y AB

Honako proiekzio hauek hiru planoz osatutako egitura bat erakusten dute. Eskatzen da:

1. CDE eta CBE planoen arteko angelua.
2. Plano guztien malda.
3. Plano guztien azalera m²-tan.

"T" puntu batetik tirante bat eraikitzen ABC planoarekiko elkarzuta eta ahalik eta laburrena.

4. Kalkula itzazu tirantearen proiekzioak eta kalkulatu haren malda, luzera eta norabidea.

Eskala 1:50

Las proyecciones muestran una estructura formada por tres planos. Se pide:

1. Ángulo entre los planos CDE y CBE.
2. Pendiente de todos los planos.
3. Superficie de todos los planos en m².

Desde el punto "T" se tira un tirante perpendicular al plano ABC y lo más corto posible.

4. Calcular las proyecciones del mismo, su longitud y rumbo.

Escala 1:50

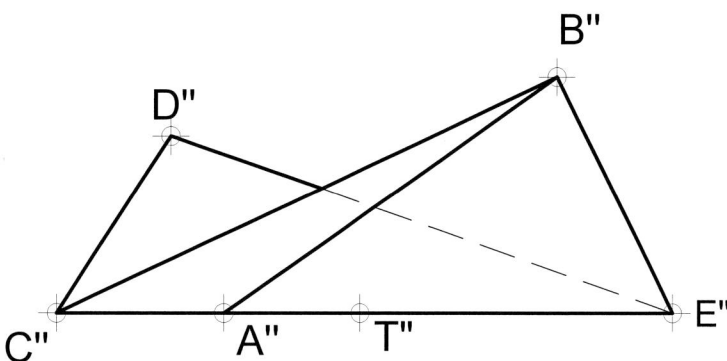

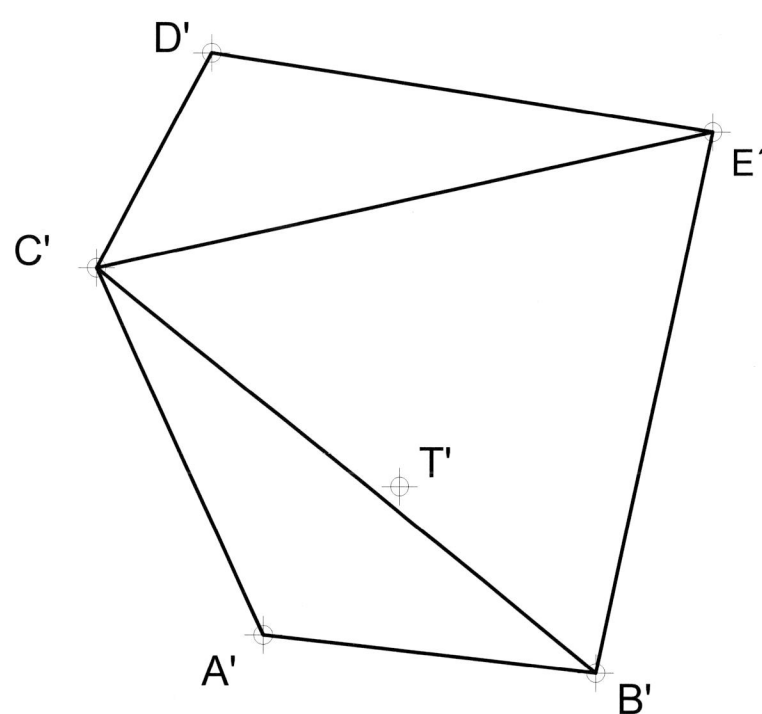

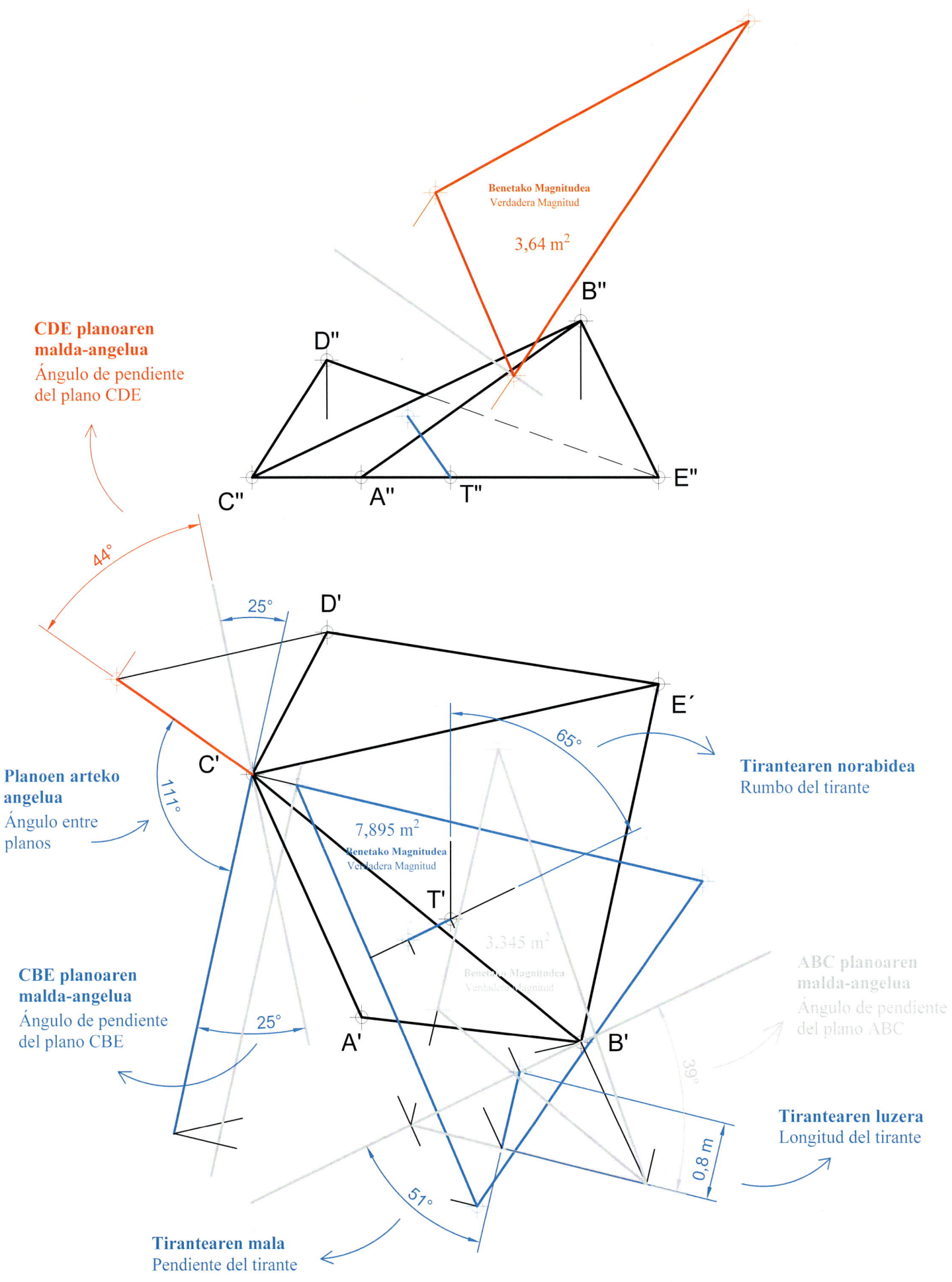

Benetako Magnitudea
Verdadera Magnitud

3,64 m²

**CDE planoaren
malda-angelua**
Ángulo de pendiente
del plano CDE

44°

25°

**Planoen arteko
angelua**
Ángulo entre
planos

111°

65°

Tirantearen norabidea
Rumbo del tirante

7,895 m²
Benetako Magnitudea
Verdadera Magnitud

3.345 m²
Benetako Magnitudea
Verdadera Magnitud

ABC planoaren
malda-angelua
Ángulo de pendiente
del plano ABC

**CBE planoaren
malda-angelua**
Ángulo de pendiente
del plano CBE

25°

39°

Tirantearen luzera
Longitud del tirante

0,8 m

51°

Tirantearen mala
Pendiente del tirante

Honako irudi honetan eraiki nahi den estalki baten proiekzioak agertzen dira. Eskatzen da:

1. BDEFJ planoaren azalera.
2. EG zuzenera urak isurtzen dituzten planoen arteko angelua
3. HIF planoak PH eta PB-rekin osatzen dituen angeluak.

Eskala 1:500

La figura adjunta representa las proyecciones diédricas de una cubierta que se quiere construir. Se pide:

1. Forma real del plano BDEFJ.
2. Ángulo entre los planos que vierten sus aguas a la recta EG.
3. Ángulo que forma el plano HIF con el PH y el PV.

Escala 1:500

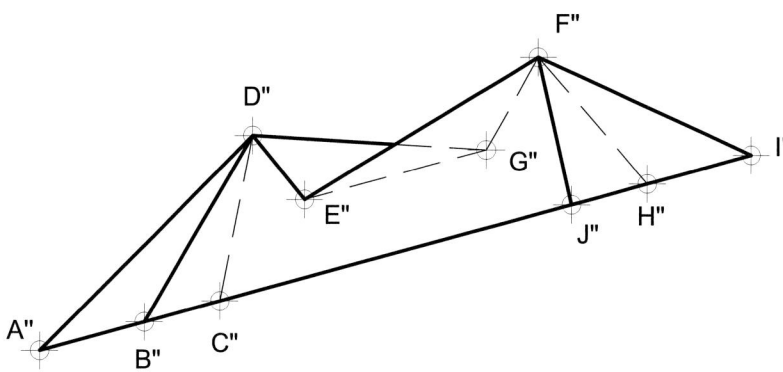

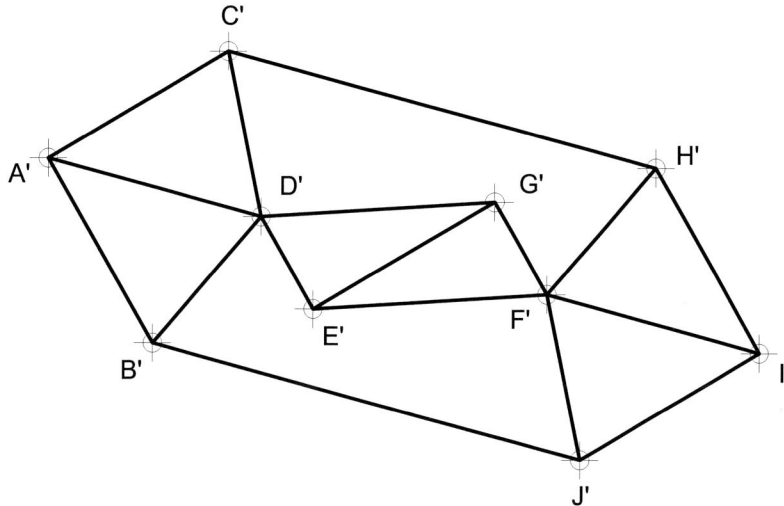

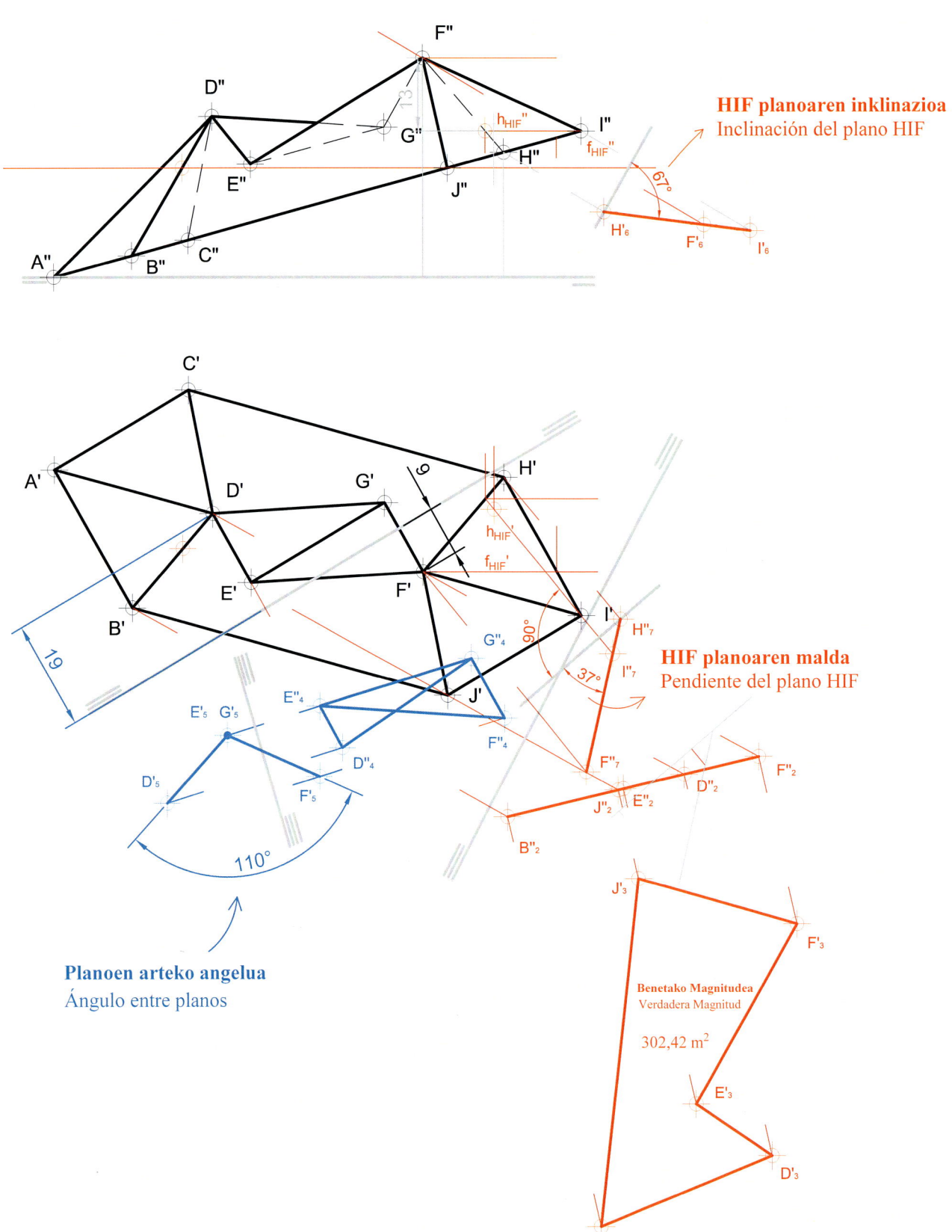

HIF planoaren inklinazioa
Inclinación del plano HIF

HIF planoaren malda
Pendiente del plano HIF

Planoen arteko angelua
Ángulo entre planos

Benetako Magnitudea
Verdadera Magnitud

302,42 m²

Irudian zenbait egurrezko barraz osatutako egitura baten proiekzio diedrikoak agertzen dira. Eskatzen da:

1. BD barraren malda-angelua kalkulatzea.
2. AC eta BD barrek osatzen duten angelua kalkulatzea.
3. F puntuaren eta ABCD planoaren arteko distantzia minimoa aurkitzea, proiekzioa eta luzera zehaztuz.

Eskala 1:100

La figura muestra las proyecciones diédricas de una estructura formada por varias barras de madera. Se pide:

1. Calcular el ángulo de pendiente de la barra BD.
2. Calcular el ángulo que forman las barras AC y BD.
3. Hallar la mínima distancia entre F y el plano ABCD en proyecciones y magnitud.

Escala 1:100

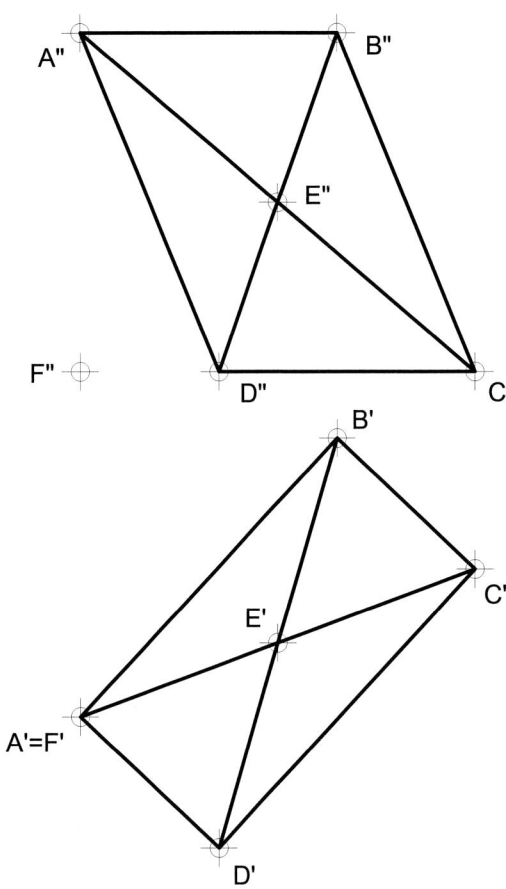

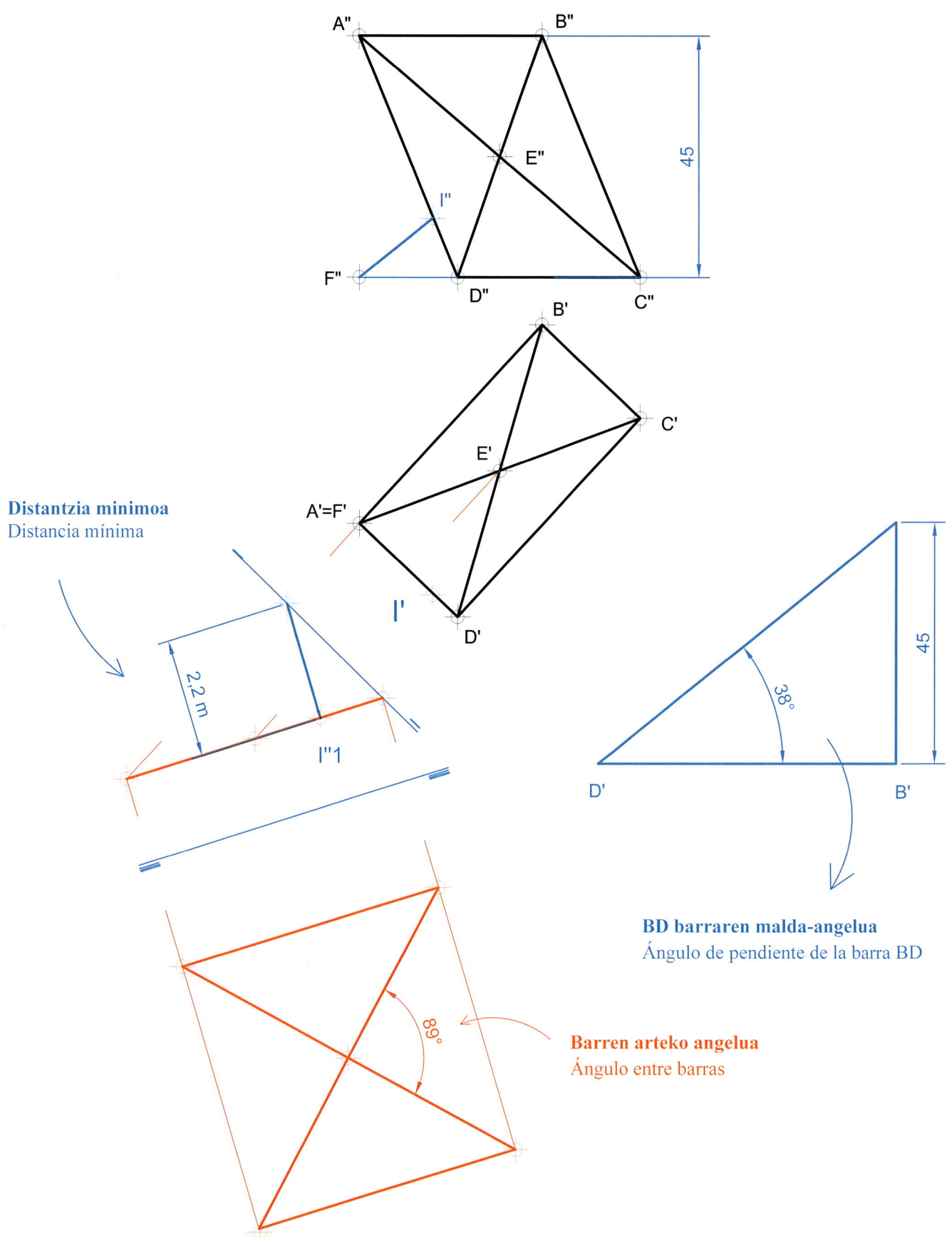

Distantzia minimoa
Distancia mínima

BD barraren malda-angelua
Ángulo de pendiente de la barra BD

Barren arteko angelua
Ángulo entre barras

AB altzairuzko barra bat da eta plantxa karratu batekiko elkarzuta da. Plantxaren erpinetako bat R puntua da. Barra hori plantxaren zentrotik pasatzen da. Adieraz itzazu plantxa karratuaren proiekzio diedrikoak eta haren egiazko magnitudea. Kalkulatu:
1. Plantxaren perimetroa eta azalera.
2. Plantxaren eta barraren malda.

AB es una barra de acero y es perpendicular a una plancha cuadrada cuyo vértice inferior es el punto R. La barra pasa por el centro de la plancha. Representar la plancha cuadrada mediante sus proyecciones diédricas y su verdadera magnitud. Calcular:
1. Perímetro de la plancha y área.
2. Pendiente de la plancha y de la barra.

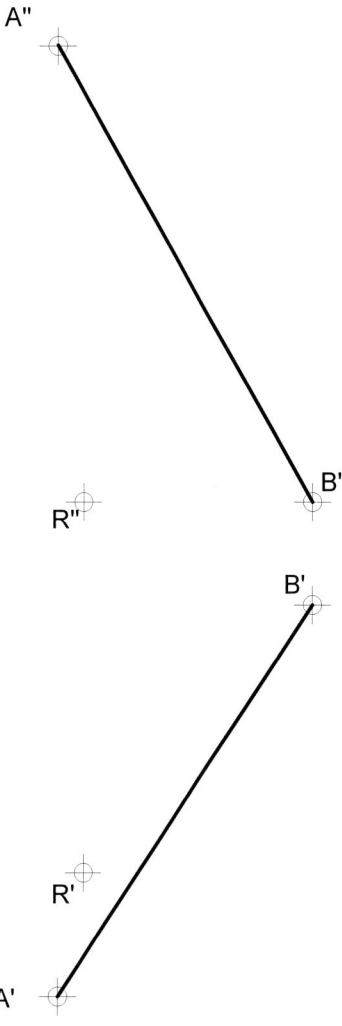

Azalera= 2196 mm; Perimetroa= 187 mm
Área= 2196 mm; Perímetro= 187 mm.

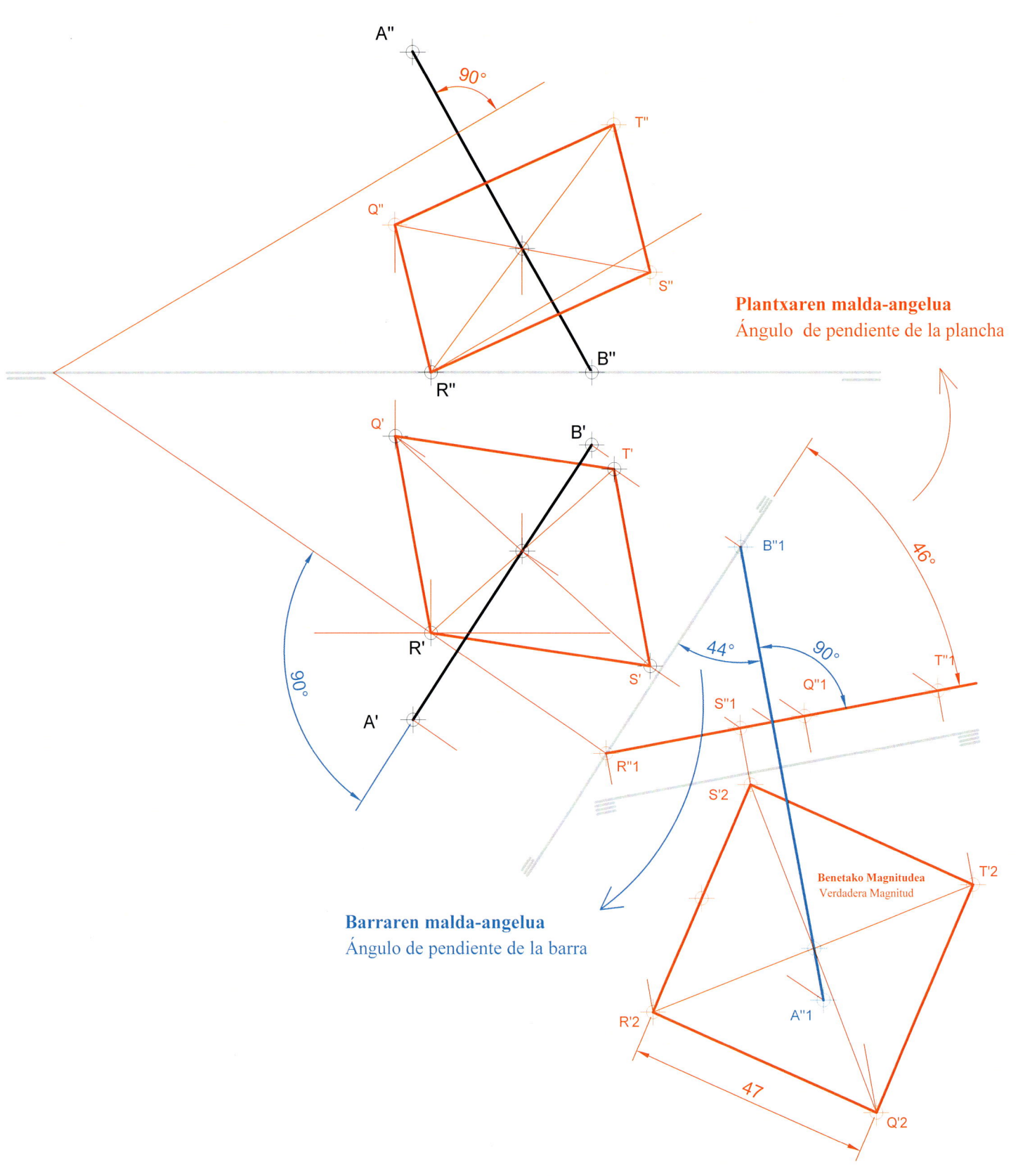

Plantxaren malda-angelua
Ángulo de pendiente de la plancha

Barraren malda-angelua
Ángulo de pendiente de la barra

Benetako Magnitudea
Verdadera Magnitud

Honako irudi honek 1:200 eskalan adierazten ditu estalki baten oin-planta eta aurretiko bista. Honako parametro hauek zehaztea eskatzen da:

1. ABD estalkiaren azalera metro karratuetan.
2. ABC eta ABD estalkiek osatzen duten angelu diedroa.
3. AC eta BD zuzenen artean tirante indargarri bat jartzeko helburuarekin, haien arteko distantzia minimoa ezagutu nahi da metrotan, eta horrek bistetan duen posizioa.

Eskala 1:200

La figura representa a escala 1:200 la planta y el alzado de una cubierta. Se pide determinar los siguientes parámetros:

1. Superficie en metros cuadrados de la cubierta ABD.
2. Ángulo diedro formado por las cubiertas ABC y ABD.
3. Con el fin de situar un tirante de refuerzo entre las rectas AC y BD, se desea conocer la mínima distancia en metros entre las mismas, así como su posición sobre las vistas.

Escala 1:200

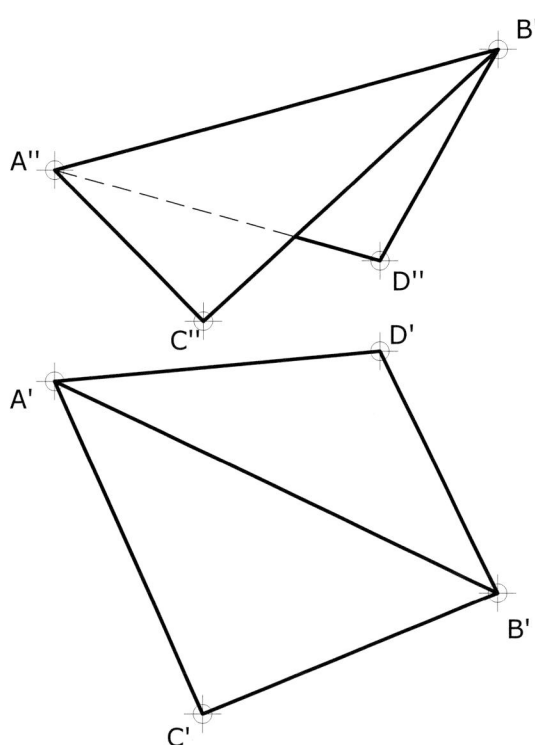

AC eta BD zuzenen arteko distantzia minimoa
Distancia mínima entre las rectas AC y BD

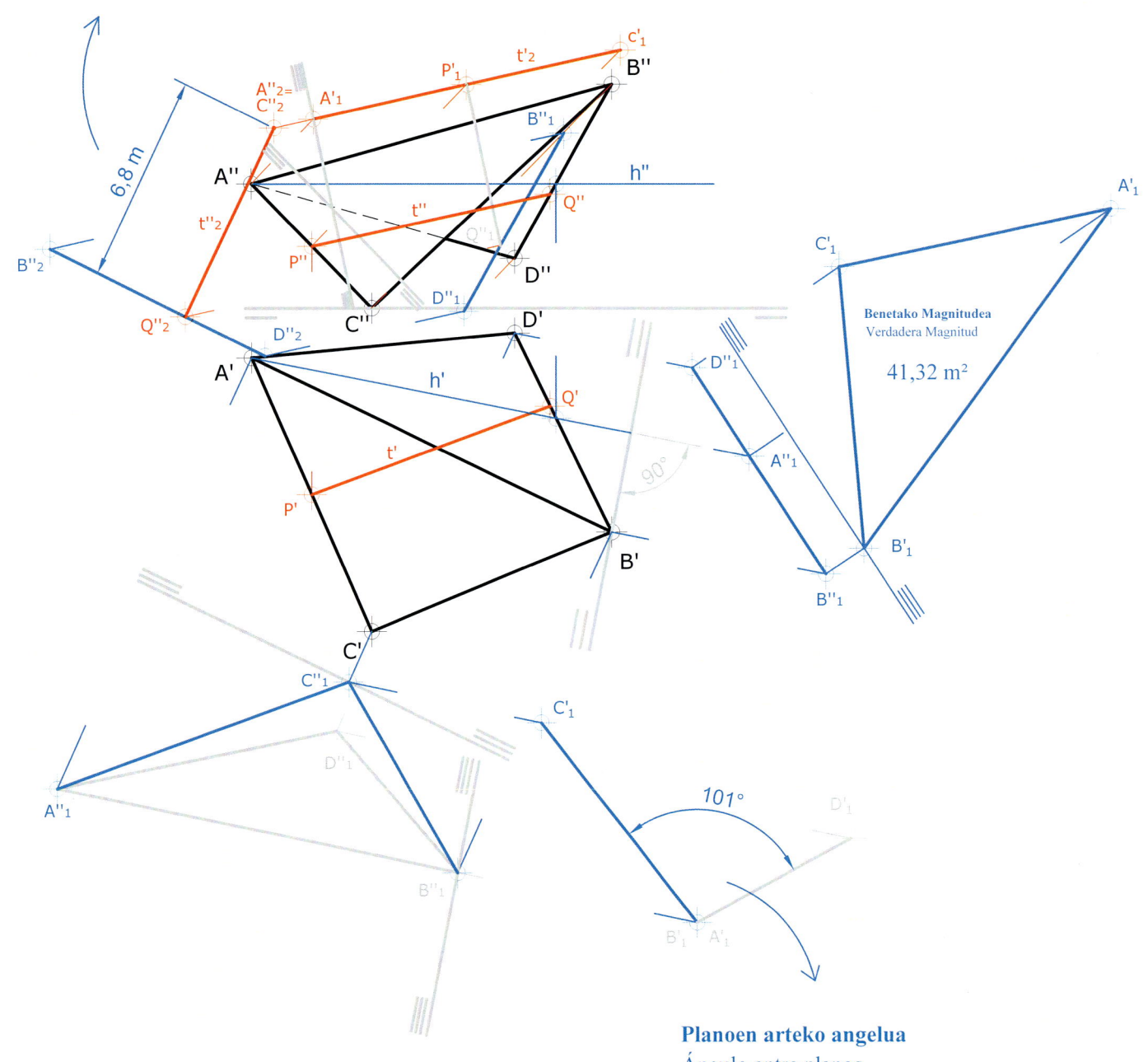

Benetako Magnitudea
Verdadera Magnitud

41,32 m²

6,8 m

90°

101°

Planoen arteko angelua
Ángulo entre planos

Honako bista diedriko hauen bidez, eskailera baten 5 atal adierazten dira (planoek eskailera-atal horien oinarria adierazten dute). Eskailera hori aztertzeko, honako datu hauek zehaztea eskatzen da:

a) Planoen benetako magnitudea grafikoki zehaztea.

b) Planoen malda grafikoki zehaztea, haien balioa eta zein planori dagokien adieraziz.

c) Eskailera-atal bakoitzaren arteko angelua grafikoki zehaztea, angeluari dagozkion planoak adieraziz.

d) P eta Q puntuetatik tirante batzuk jarriko dira C eta E tarteei eusteko, hurrenez hurren. Tiranteak planoekiko elkarzutak izan behar dira. Tiranteen luzera eta proiekzio diedrikoak zehaztea eskatzen da.

Eskala 1:100

Mediante las siguientes vistas diédricas se representan 5 tramos de una escalera (los planos indican la base donde se van a apoyar los tramos). Para el estudio de dicha escalera se pide determinar los siguientes datos:

a) Hallar gráficamente la verdadera magnitud de los planos.

b) Determinar gráficamente la pendiente de los planos indicando su valor y el tramo al que pertenecen.

c) Determinar gráficamente el ángulo entre cada tramo de la escalera, indicando los planos a los que se refiere el ángulo.

d) Desde los puntos P y Q se van a colocar unos tirantes para sujetar los tramos C y E respectivamente. Los tirantes deben ser perpendiculares a los planos. Se pide determinar la longitud de los tirantes y sus proyecciones diédricas.

Escala 1:100

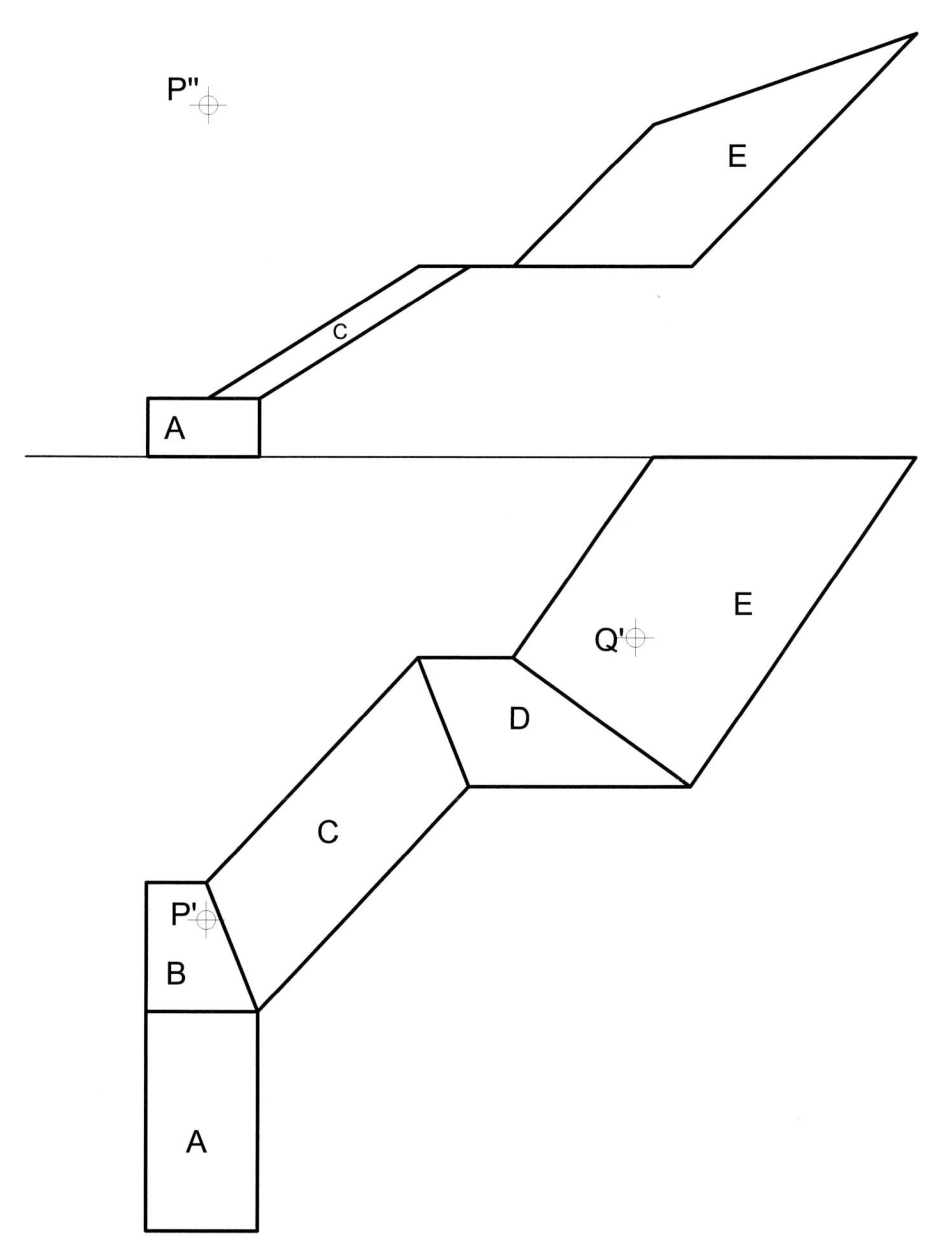

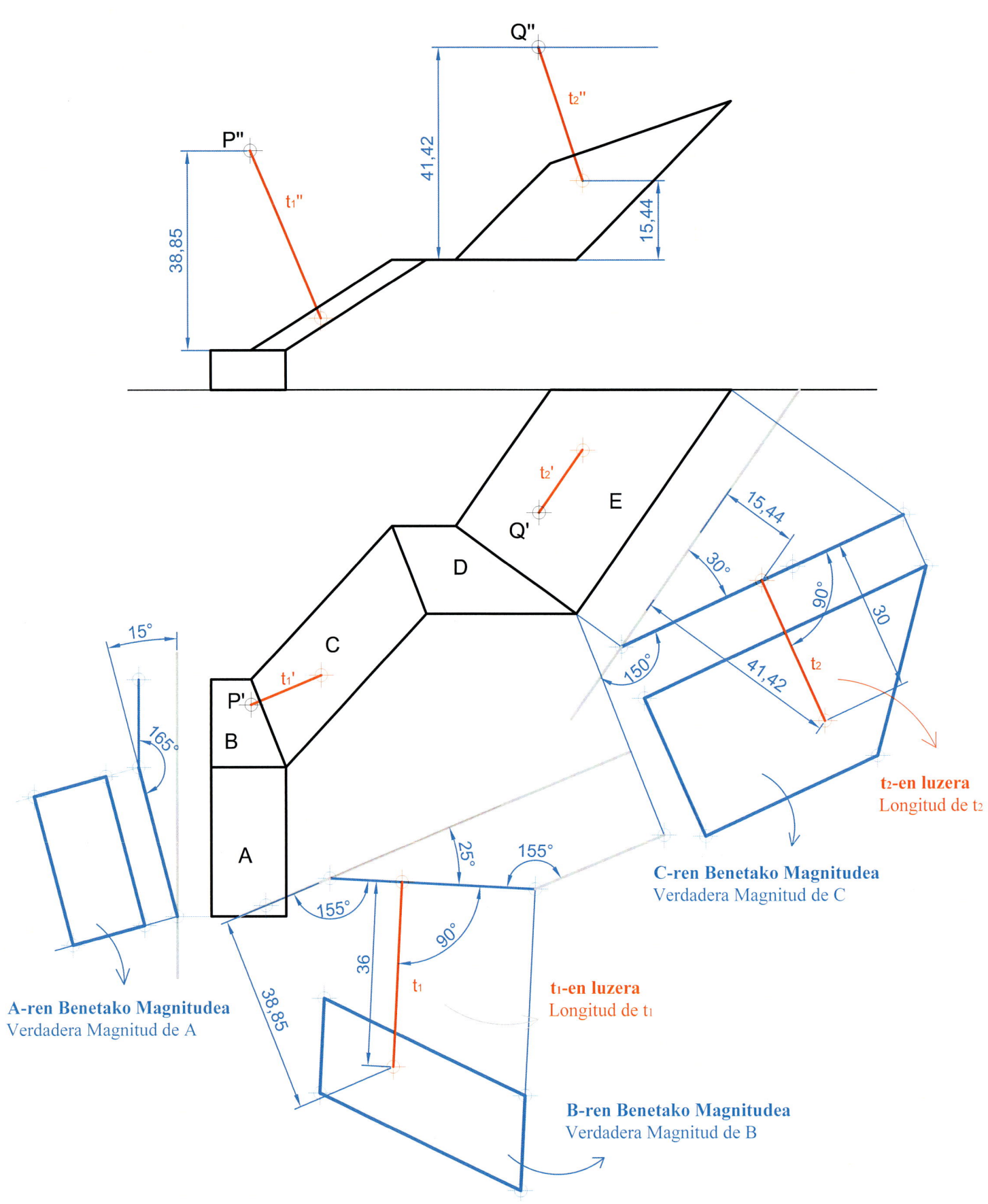

Q"

t₂"

P"

t₁"

41,42

38,85

15,44

t₂'

E

Q'

D

C

t₁'

P'

B

A

15°

165°

15,44

30°

90°

150°

41,42

t₂

30

t₂-en luzera
Longitud de t₂

C-ren Benetako Magnitudea
Verdadera Magnitud de C

A-ren Benetako Magnitudea
Verdadera Magnitud de A

25°

155°

155°

90°

36

38,85

t₁

t₁-en luzera
Longitud de t₁

B-ren Benetako Magnitudea
Verdadera Magnitud de B

Irudian, bi hegal (A eta B) dituen estalki baten proiekzio diedrikoak agertzen dira. Eskatzen da:

- Bi isurialdeen benetako magnitudea aurkitzea.
- Bi planoen arteko angelua aurkitzea.
- A isurialdean 1 m × 1 m-ko leiho karratu bat jartzea. Leihoaren bi alde horizontalak dira; horietako batek metro bateko kota erlatiboa du planoko punturik baxuenetik, eta zuzen horretako erpin bat puntu horretatik bertatik 1,5 metrora dago. Marraztu itzazu haren proiekzioak.
- Tirante bat jartzea (t) P puntutik B isurialderaino, ahalik eta laburrena, eta kalkulatu haren luzera.

Eskala 1:100

En la figura se muestran las proyecciones diédricas de una cubierta con dos faldones (A y B). Se pide:

- Hallar la verdadera magnitud de los dos faldones.
- Hallar el ángulo entre los dos planos.
- Colocar en el faldón A una ventana cuadrada de 1 m × 1 m. Dos lados de la ventana son horizontales. Uno de ellos tiene una cota relativa de 1 metro desde el punto más bajo del plano y tiene uno de sus vértices a 1,5 metros desde ese mismo punto. Dibujar sus proyecciones.
- Colocar un tirante (t) desde el punto P hasta el faldón B que sea lo más corto posible y calcular su longitud.

Escala 1:100

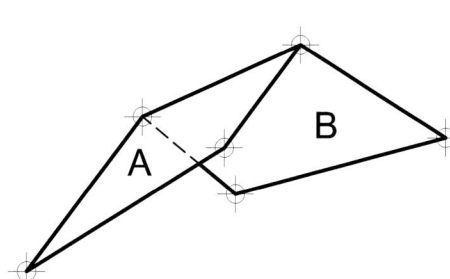

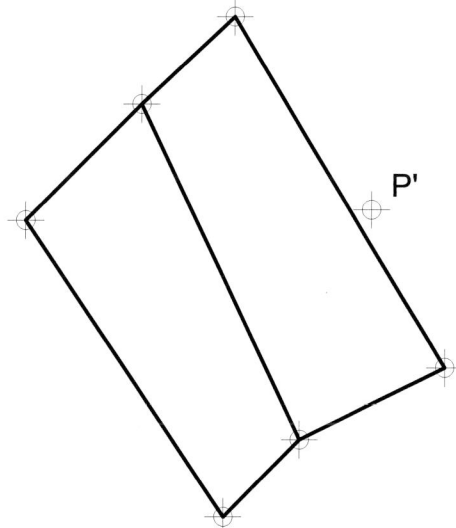

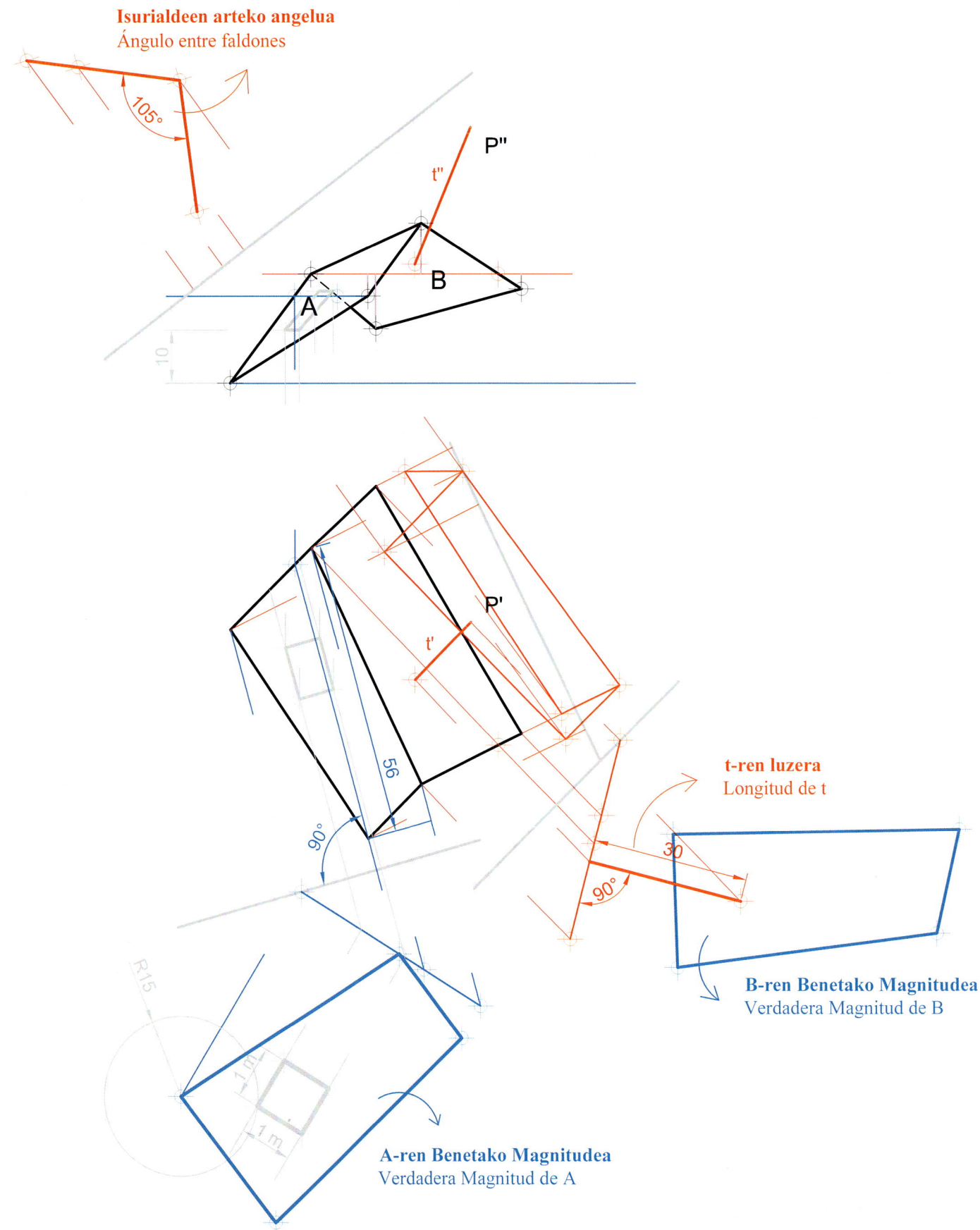

Isurialdeen arteko angelua
Ángulo entre faldones

105°

P"

t"

B

A

10

56

90°

R15

t'

P'

t-ren luzera
Longitud de t

30

90°

B-ren Benetako Magnitudea
Verdadera Magnitud de B

1 m

1 m

A-ren Benetako Magnitudea
Verdadera Magnitud de A

A, B eta C puntuak biltegi bateko hondoko planoko puntuak dira. Plano horretan hodi prismatiko batekin konexioa egin nahi da. ABC planoaren eta hodi berriaren arteko elkargunea 30 cm-ko aldea duen karratu bat izan behar da, honen zentroa ABC triangeluaren erdibitzaileak elkartzen diren puntuan egon behar delarik. Karratuaren bi alde zuzen horizontalak izan behar dira. Hodi berria PB-rekiko paraleloa izan behar da eta haren malda-angelua 60°-koa izan behar da. Hodi berria PH-erarte luzatzen da. Eskatzen da:

1. Biltegiaren eta hodiaren arteko elkargunearen proiekzio diedrikoak.
2. Hodi prismatikoaren proiekzio diedrikoak eta haren bistaratzea.
3. Prismaren garapena.

Eskala 1:20

Los puntos A, B y C pertenecen al plano del fondo de un depósito. En ese plano se quiere conectar una conducción prismática. La intersección entre el plano ABC y la conducción debe ser un cuadrado de lado 30 cms y cuyo centro se sitúe en la intersección de las tres medianas del triángulo formado por A, B y C. Dos de los lados del cuadrado son rectas horizontales. La conducción es paralela al PV y su ángulo de pendiente de 60°. La conducción se alarga hasta su intersección con el PH. Se pide:

1. Proyecciones diédricas de la conexión entre el depósito y la conducción.
2. Proyecciones diédricas del prisma y su visualización.
3. El desarrollo del prisma.

Escala 1:20

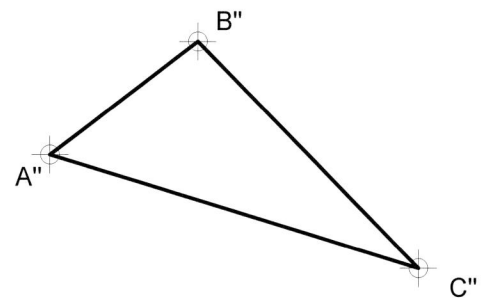

Kota/Cota= 0

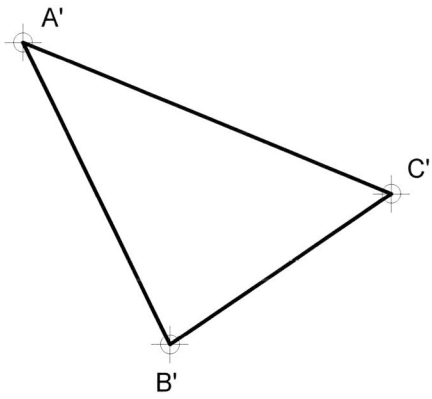

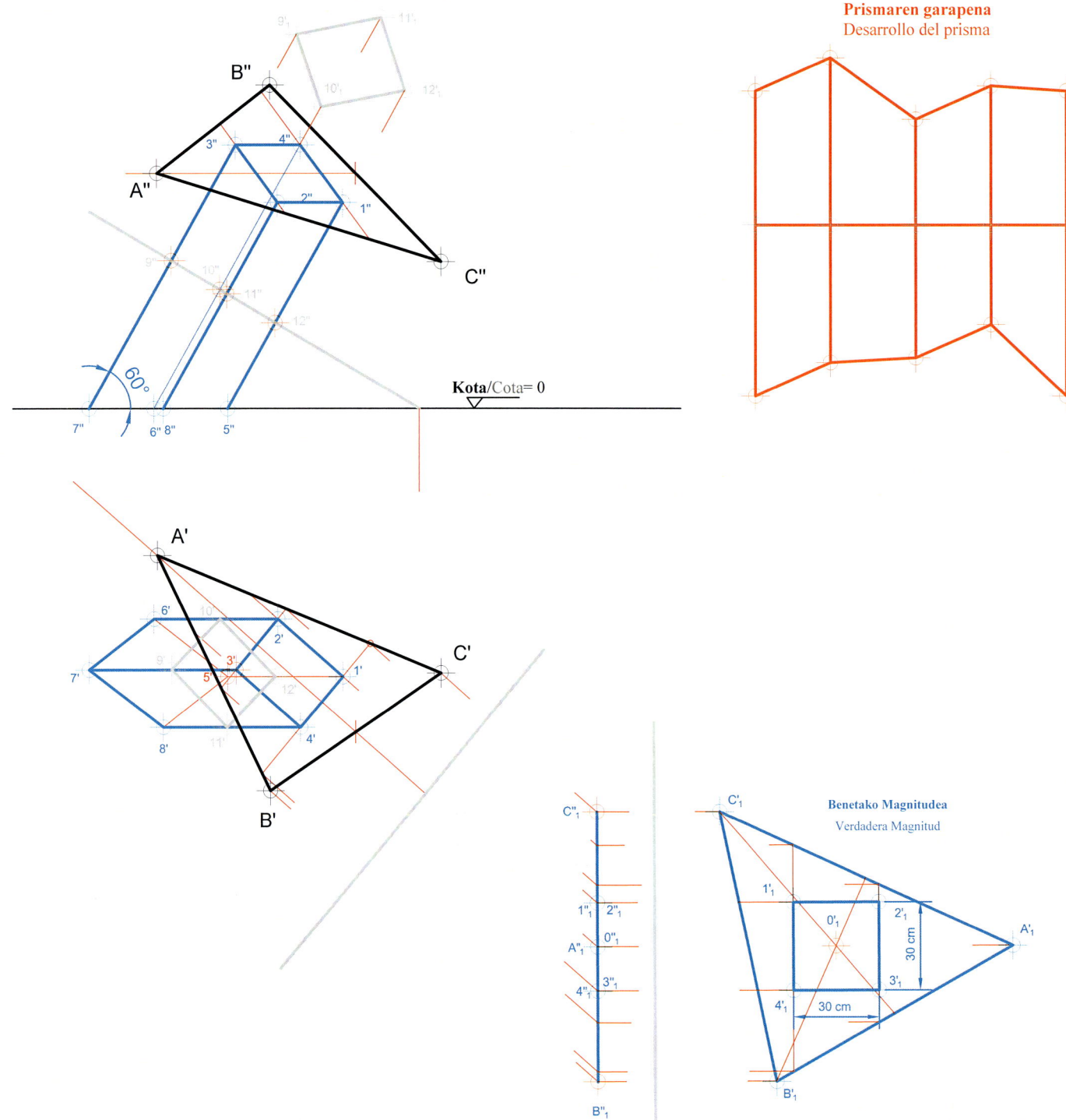

Prismaren garapena
Desarrollo del prisma

Kota/Cota= 0

60°

Benetako Magnitudea
Verdadera Magnitud

30 cm

30 cm

Irudian, egitura baten xehetasunaren proiekzioak daude, 1:100 eskalan. Xehetasun hori honako hauek osatzen dute: ABCDEFGH bloke prismatiko bat eta zutabe bat (O zentrodun oinarri zirkularra). Honako hau eskatzen da:

1. Prismako ABCD aurpegiaren eta zutabearen elkargunea irudikatzea.
2. Zutabearen garapena irudikatzea.
3. Bloke prismatikoaren aldeko aurpegien garapena irudikatzea. Gehitu ezazu garapen horretan prismak zutabearekin duen elkargunea.

La figura muestra a escala 1:100 las proyecciones de un detalle de una estructura, formado por un bloque prismático (ABCDEFGH) y un pilar (base circular de centro O). Se pide:

1. Dibujar la intersección entre el pilar y la cara ABCD del prisma.
2. Dibujar el desarrollo del pilar.
3. Dibujar el desarrollo de las caras laterales del bloque prismático. Incluir en dicho desarrollo la intersección con el pilar.

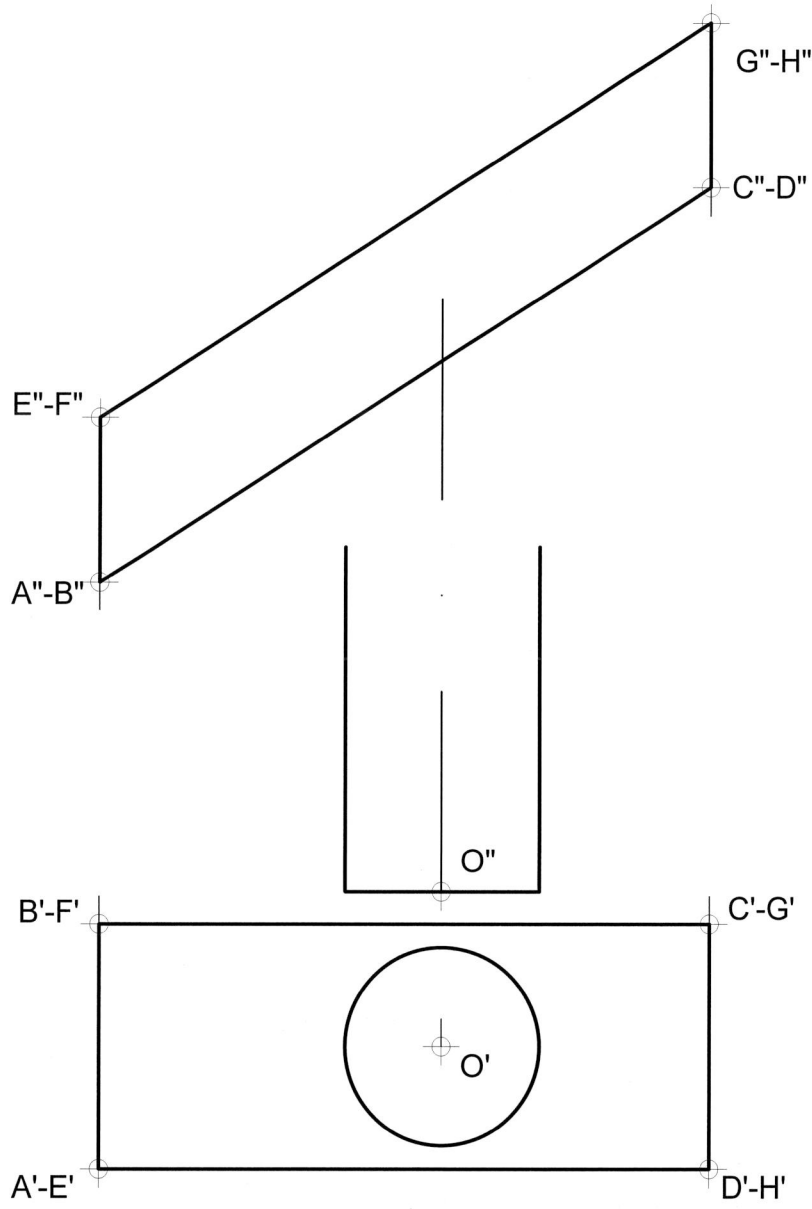

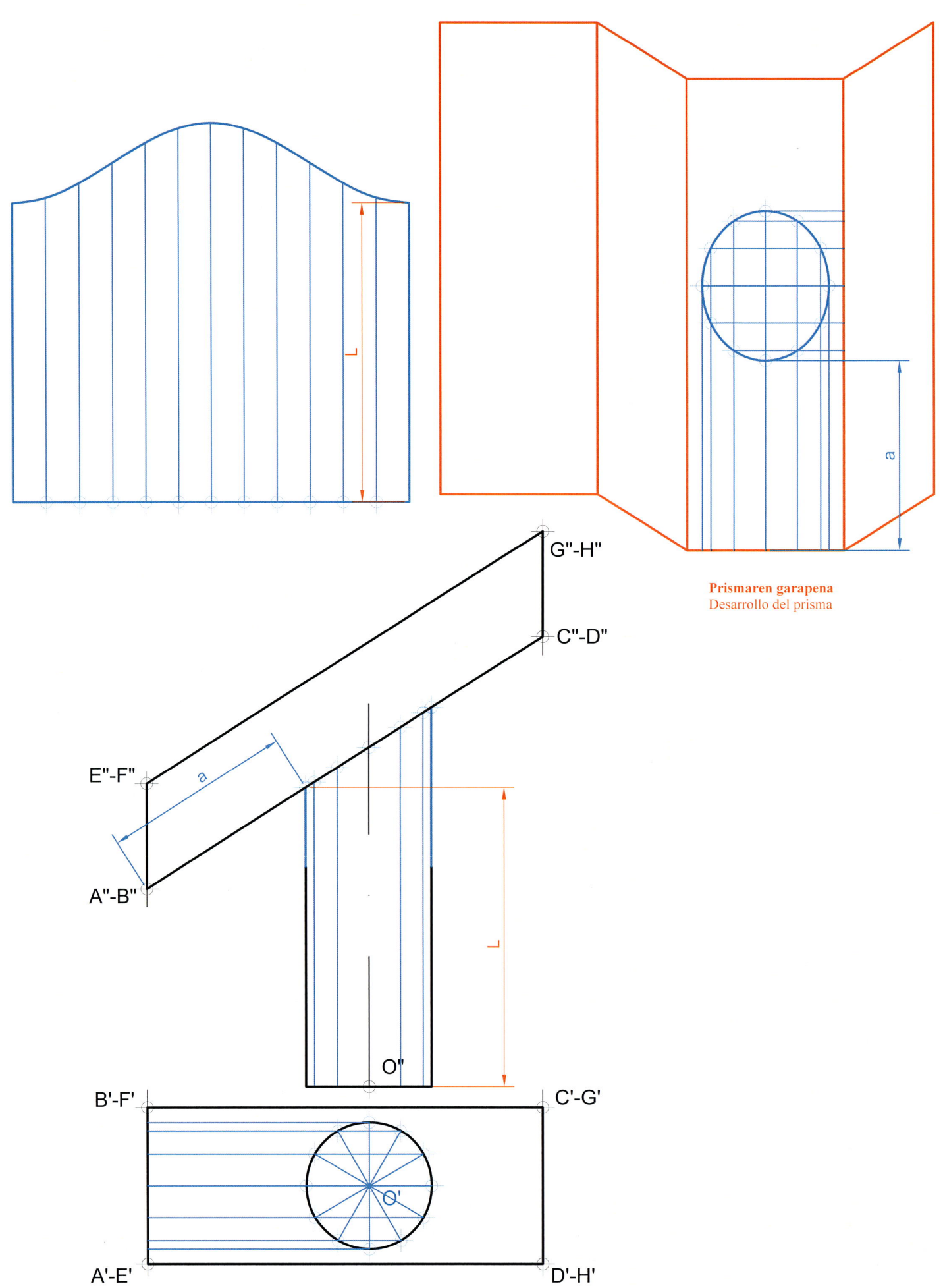

Prismaren garapena
Desarrollo del prisma

AB oinarri karratu eta erregularra (ABCD) duen piramide zuzen baten oinarrizko ertza da. "m" zuzenak BC ertza bere baitan dauka. Piramidearen altuera oinarriko diagonalaren berdina da. Eskatzen da:

1. Piramidearen proiekzio bistaratuak marraztea.
2. α planoak piramidean sortzen duen sekzioa marraztea eta haren egiazko magnitudea aurkitzea.

AB es la arista básica de una pirámide recta de base cuadrada regular (ABCD). La recta "m" contiene a la arista BC. La altura de la pirámide es igual a la diagonal de la base. Se pide:

1. Dibujar la pirámide en proyecciones y visualizarla.
2. Dibujar la sección producida por el plano α y hallar su verdadera magnitud.

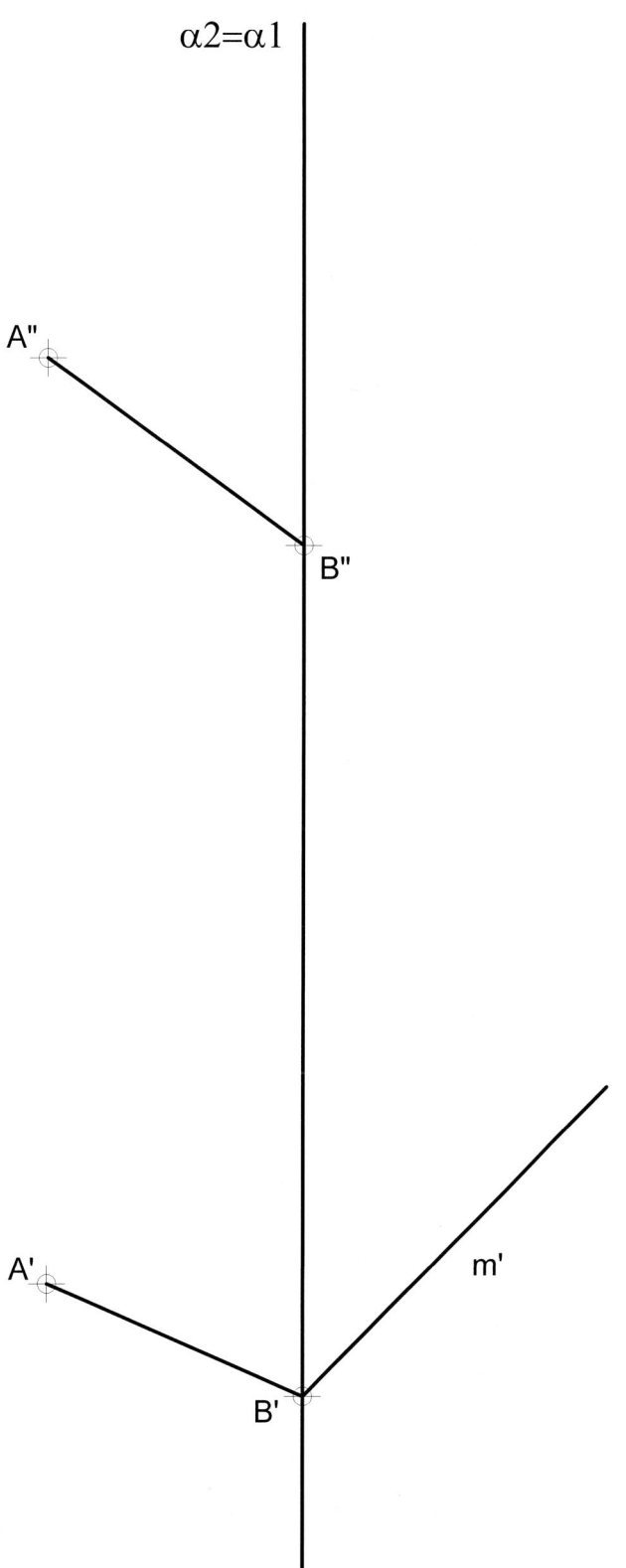

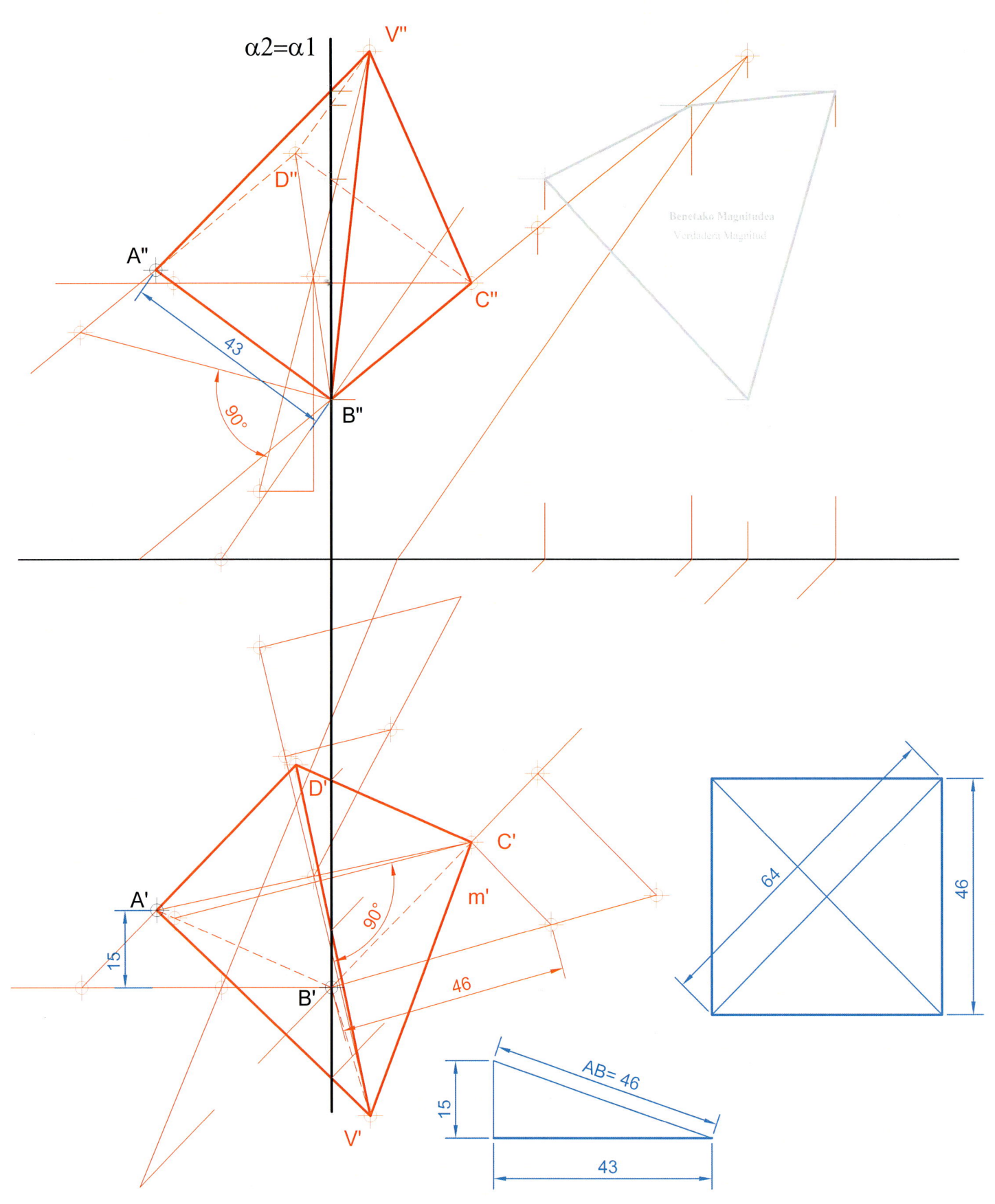

ABC puntuak ezponda bateko puntuak dira non prisma forma duen hormigoizko bloke zuzen bat eraiki nahi den. Blokearen oinarria karratu bat da (DEFG) 25 metroko aldea duena eta 40 metroko altuera. D puntua A puntutik 45 m eskuinera dago, 10 gorago eta 10 atzerago. DF diagonala zuzen horizontal bat da. Marraztu itzazu prismaren proiekzioak behar bezala bistaratua.

Eskala 1:100

Los puntos ABC pertenecen al plano de un talud donde se quiere construir un bloque de hormigón con forma prismática y recta. La base es un cuadrado (DEFG) de 25 m de lado y la altura es de 40 m. El punto D está 45 m a la derecha de A y 10 m por encima y otros 10 m por detrás. La diagonal DF del cuadrado es una recta horizontal.

Dibujar las proyecciones del prisma correctamente visualizadas.

Escala 1:100

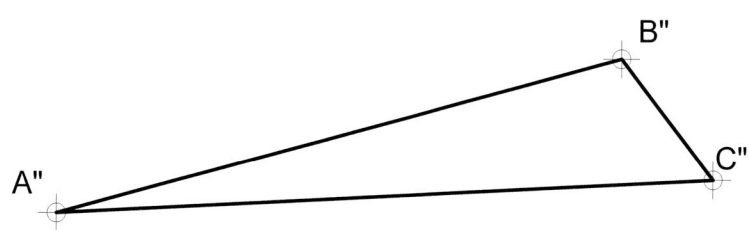

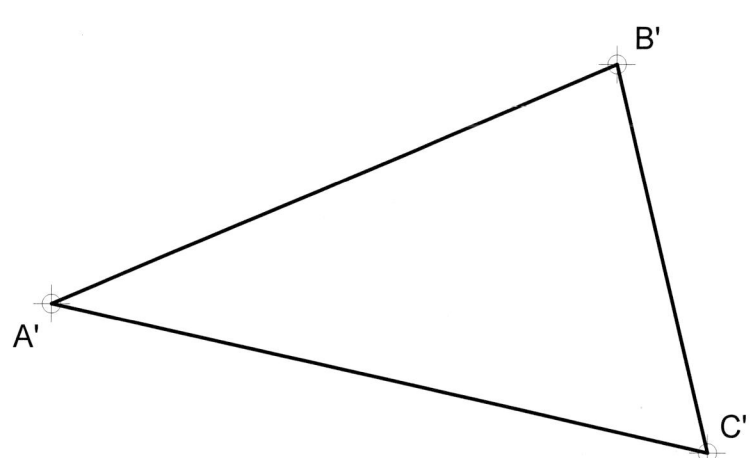

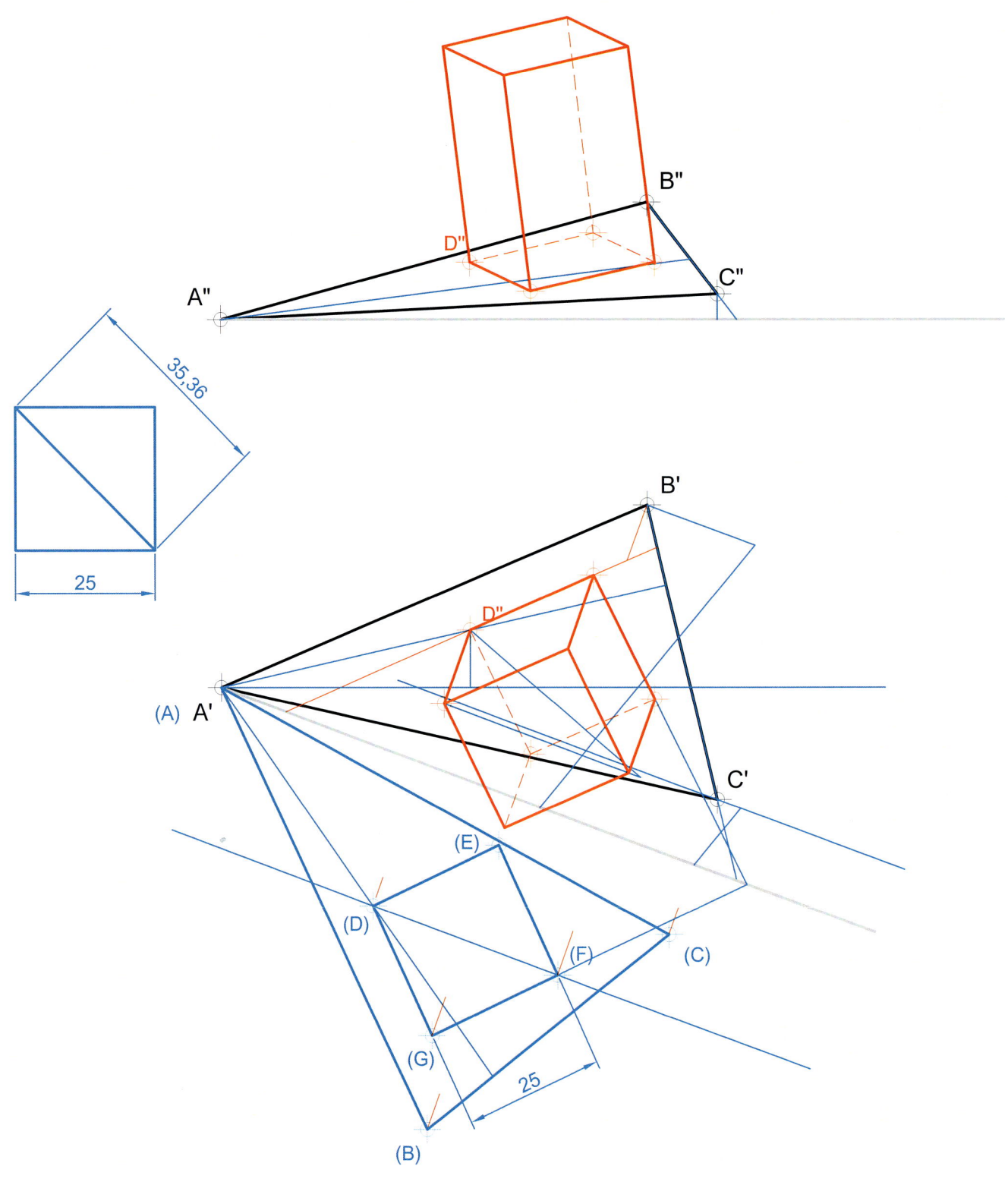

Prisma forma duen eroanbide bat eraiki nahi da bi plano konektatuko dituena (α eta β). Eroanbidea α (1-2-3-4) planoan oinarrituta dago eta harekiko elkarzuta da. Beste muturra β planoan dago (5-6-7-8). Eroanbidearen sekzioa 15 × 40 mm-ko laukizuzen bat da. Eroanbidearen sekzioaren alde luzea 1-2 zuzenetik 5 mm-ra egon behar da eta harekiko paralelo, eta laburra 2-3 zuzenetik 10 mm-ra. Marraztu itzazu eroanbidearen proiekzio diedrikoak behar bezala bistaratuta.

Se quiere construir una conducción de forma prismática para conectar dos planos (α y β). La conducción está apoyada en el plano α (l-2-3-4) y es perpendicular a ella. El otro extremo está limitado por el plano β (5-6-7-8). La sección de la conducción es un rectángulo ABCD de 15 × 40 mm. La conducción debe tener el lado largo de la sección a 5 mm de la recta 1-2 y paralela a ella y el corto a 10 mm de la recta 2-3. Dibujar las proyecciones correctamente visualizadas de la conducción.

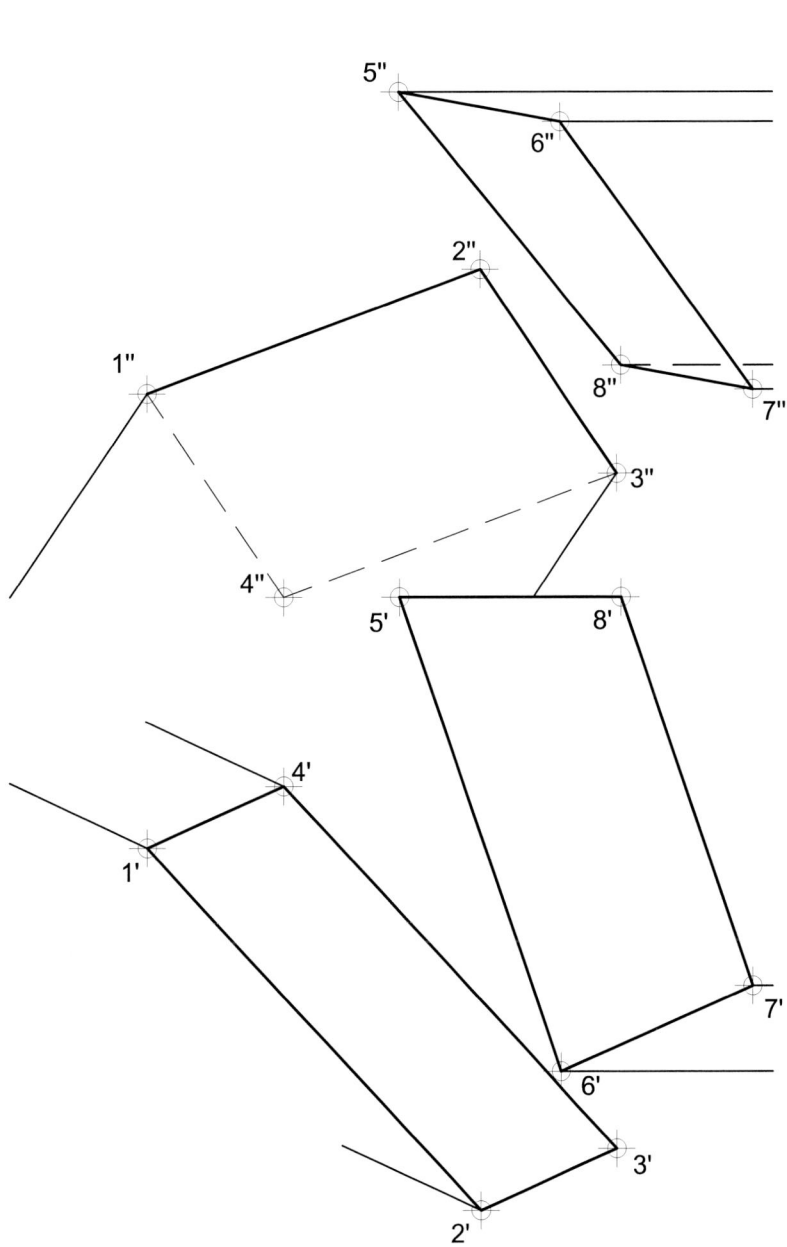

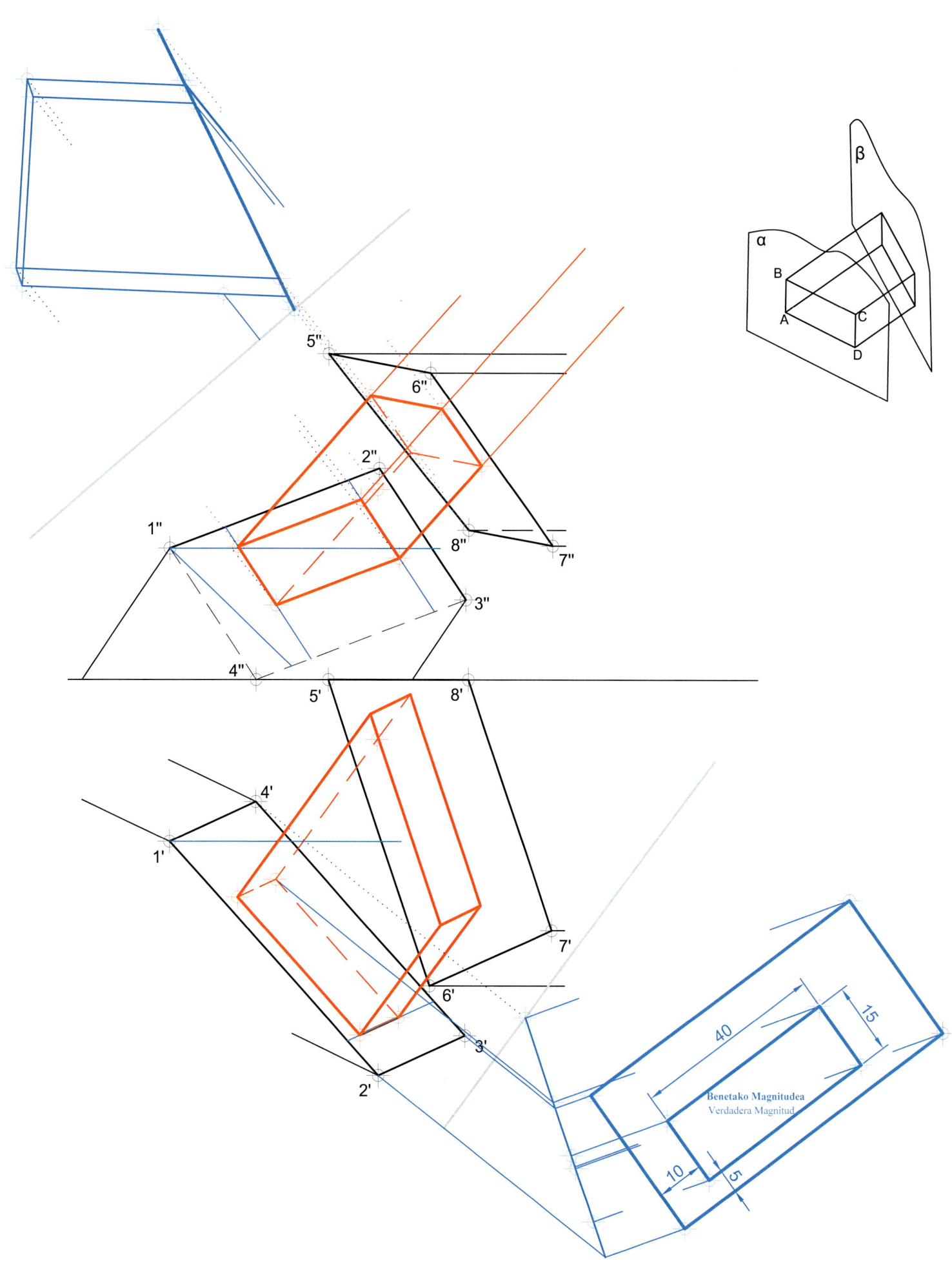

β

α

B

A

C

D

5"

6"

2"

1"

8"

7"

3"

4"

5'

8'

4'

1'

7'

6'

3'

2'

40

15

10

5

Benetako Magnitudea
Verdadera Magnitud

Honako irudi honetan 1, 2, 3, 4 eta 5 puntuek definitzen duten estalki baten proiekzio diedrikoak agertzen dira.

A eta B oinarri karratua duen (ABCD) tximinia prismatiko baten goiko planoko puntuak dira, 5 puntuaren kota berdinean daudenak. Honako hau eskatzen da:

1. Estalkiaren aldeek eta tximiniak dituzten elkarguneak zehaztea.
2. Grafikoki estalkiaren aldeen benetako magnitudea lortzea, tximiniak sortzen dien zuloa ere han adieraziz.
3. Estalkiko planoen arteko angelua zehaztea (1-5-2 planoa ez da kontuan hartu behar).

En la figura se muestran las proyecciones diédricas de una cubierta definida por los puntos 1, 2, 3, 4 y 5.

A y B son los puntos del plano superior de una chimenea prismática de base cuadrada (ABCD), situada a la misma cota que el punto 5. Se pide:

1. Determinar la intersección de las caras de la cubierta con la chimenea.
2. Obtener gráficamente la verdadera magnitud de las caras de la cubierta recortadas por el hueco de la chimenea.
3. Hallar el ángulo entre los planos de la cubierta (el plano 1-5-2 no se considera).

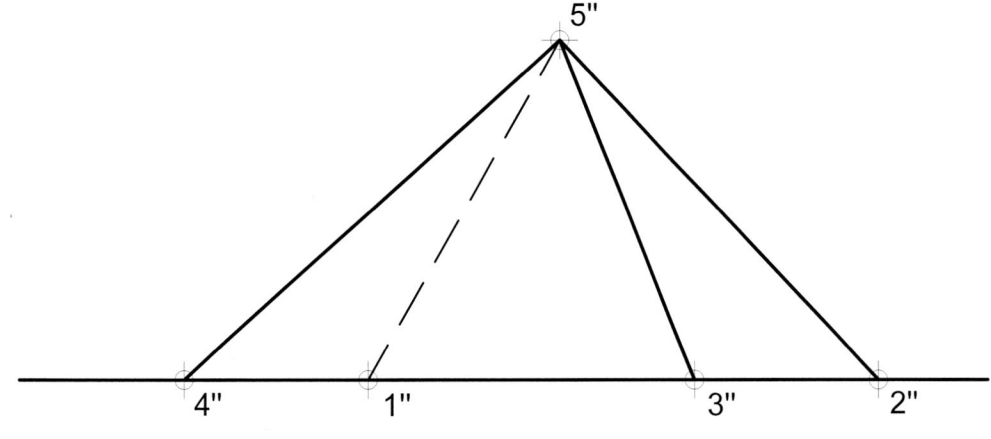

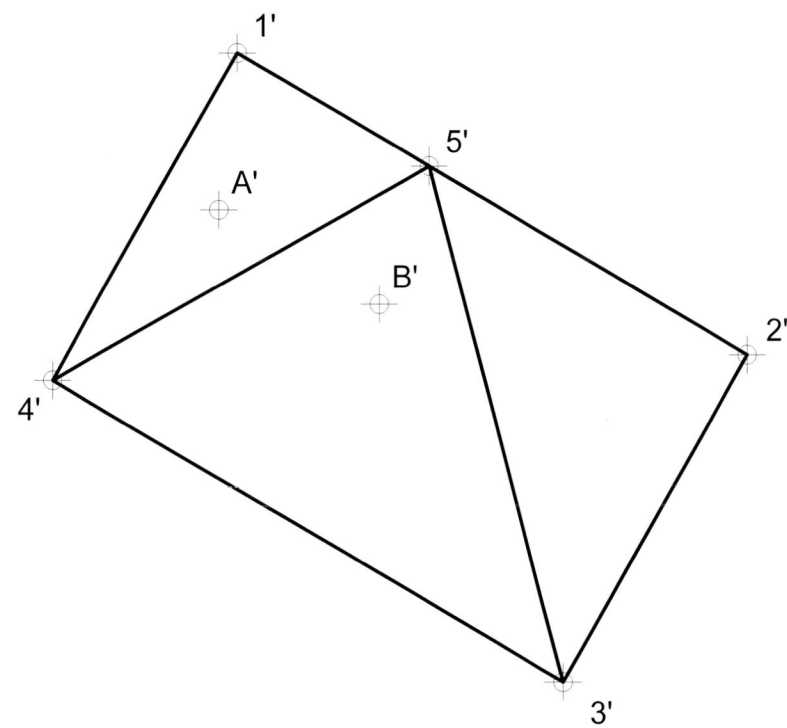

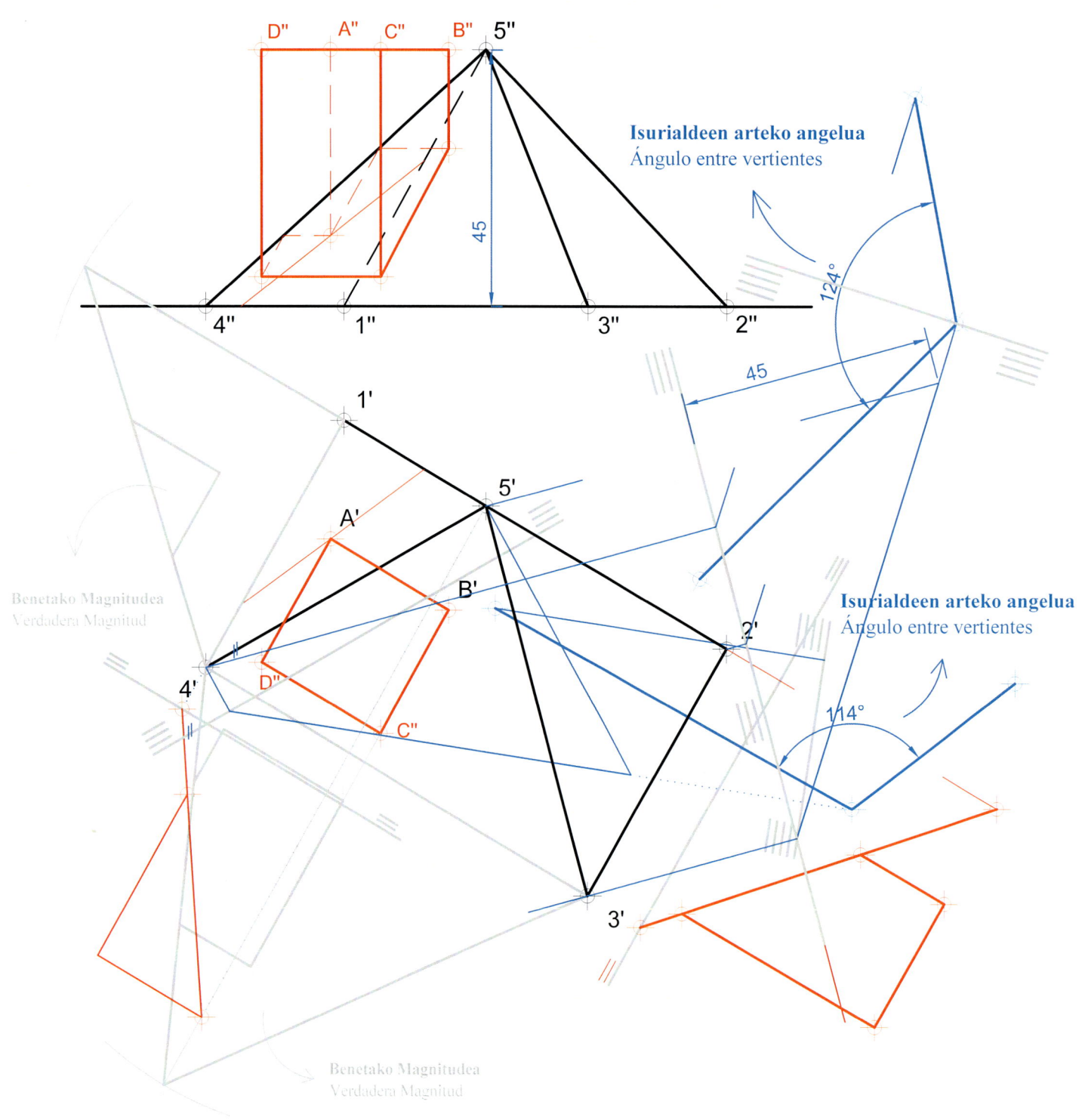

Isurialdeen arteko angelua
Ángulo entre vertientes

Isurialdeen arteko angelua
Ángulo entre vertientes

Benetako Magnitudea
Verdadera Magnitud

Benetako Magnitudea
Verdadera Magnitud

Honako proiekzio diedriko hauetan zubi baten bistak ikusten dira. Zubiari eusteko, ABCD karratutik abiatzen den eta prisma-forma daukan zutabe bat eraiki nahi da. Zutabearen ertzek 60° IE-eko norabidea eta 35°-ko malda dute, eskuinerantz igotzen dena. Honako hau eskatzen da:

- Zutabearen bista diedrikoak marraztea zubiaren oinarriaren elkarguneraino.
- Zutabearen eta zubiaren arteko elkargunearen benetako magnitudea aurkitzea.
- Zutabearen gainazalaren garapena marraztea.

La proyecciones diédricas muestran las vistas de un puente. Para sujetar el puente se quiere construir un pilar de forma prismática que parta del cuadrado ABCD. Las aristas del pilar tienen una dirección de 60° NE y una pendiente de 35°, ascendente hacia la derecha. Se pide:

- Dibujar las vistas diédricas del pilar hasta su intersección con la base del puente.
- Hallar la verdadera magnitud de la sección entre el pilar y el puente.
- Dibujar el desarrollo de la superficie del pilar.

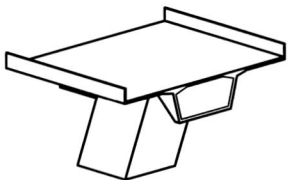

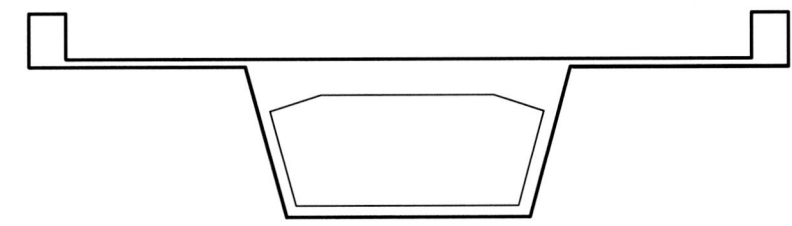

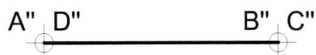

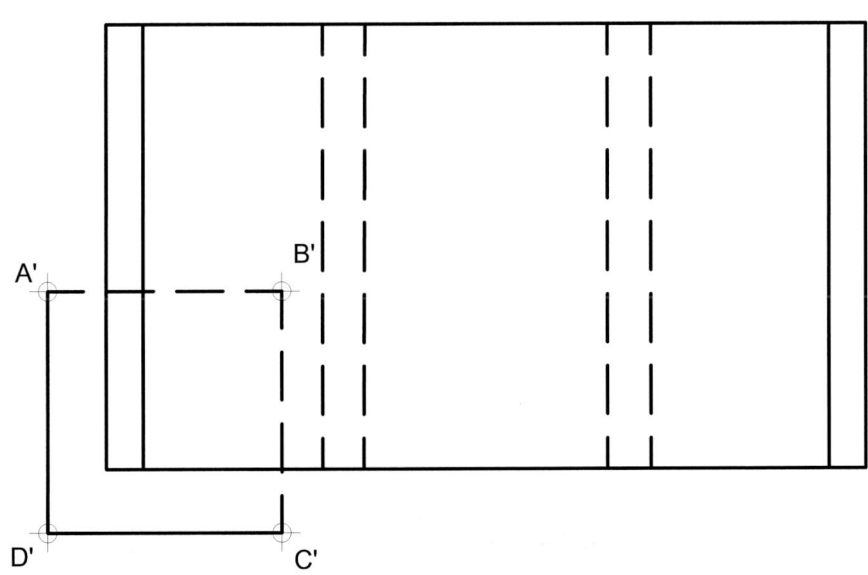

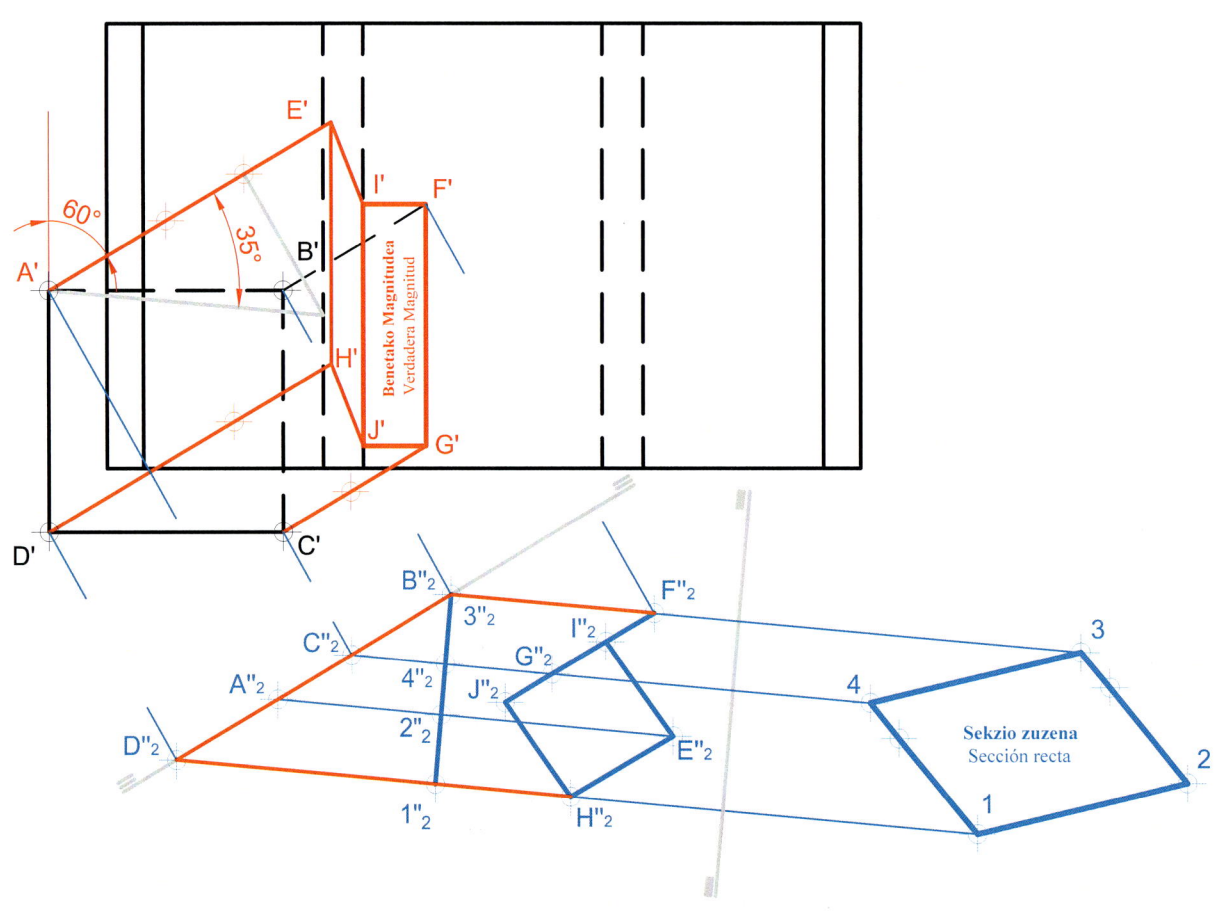

Zutabearen garapena
Desarrollo del pilar

1   2   3   4   1

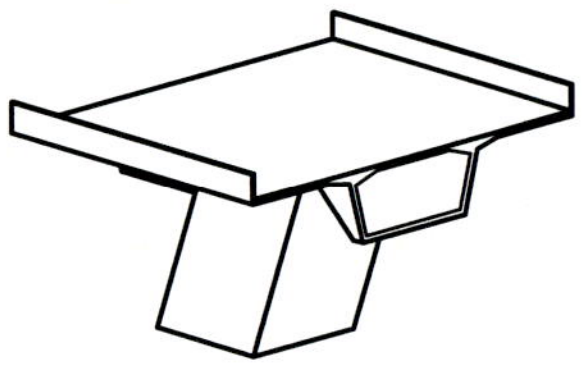

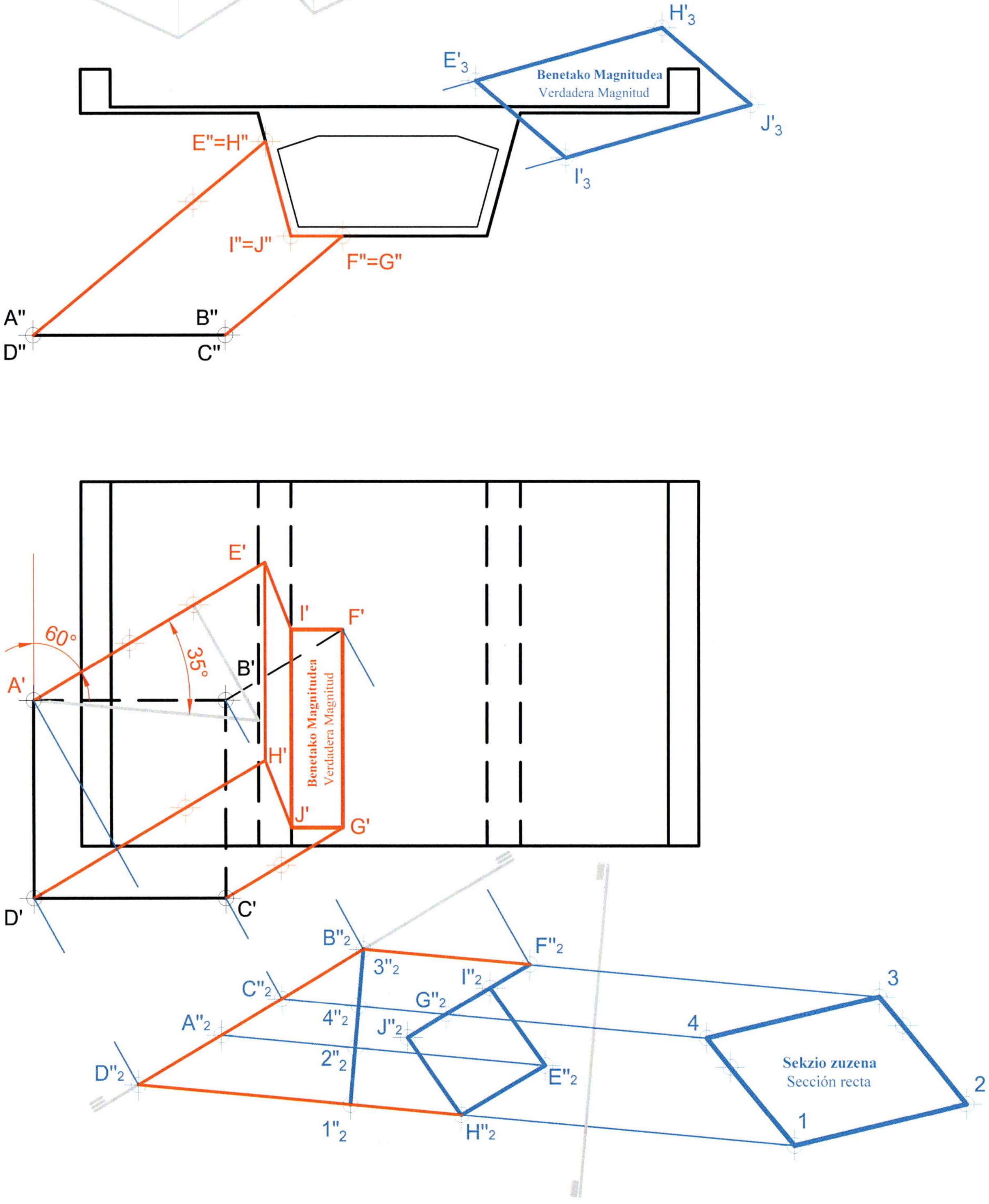

E'₃   H'₃   **Benetako Magnitudea** Verdadera Magnitud   J'₃   I'₃

E"=H"   I"=J"   F"=G"

A"   B"   D"   C"

E'   I'   F'   60°   35°   B'   A'   **Benetako Magnitudea** Verdadera Magnitud   H'   J'   G'   D'   C'

B"₂   3"₂   F"₂   C"₂   I"₂   G"₂   3   A"₂   4"₂   J"₂   4   D"₂   2"₂   E"₂   **Sekzio zuzena** Sección recta   2   1"₂   H"₂   1

54

Marraztu itzazu piramide zuzen baten proiekzio diedrikoak behar bezala bistaratuta. Piramidearen oinarria hexagono erregular bat da. Piramidearen altuera 90 mm da.
Oinarriko planoa eskuinerantz igotzen den eta 40º-ko malda-angelua duen plano bat da. O hexagonoaren zentroa. A eta B hexagonoaren diagonaletako baten muturrak dira.

Dibujar las proyecciones correctamente visualizadas de una pirámide recta cuya base es un hexágono regular. La altura de la pirámide es de 90 mm.
El plano de la base es un plano de 40º de pendiente ascendente hacia la derecha. O es el centro del hexágono. A y B son los extremos de una de las diagonales del hexágono.

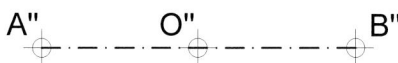

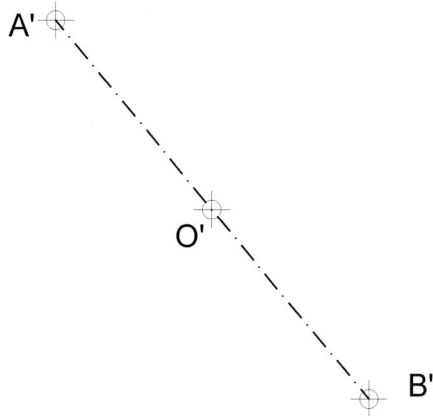

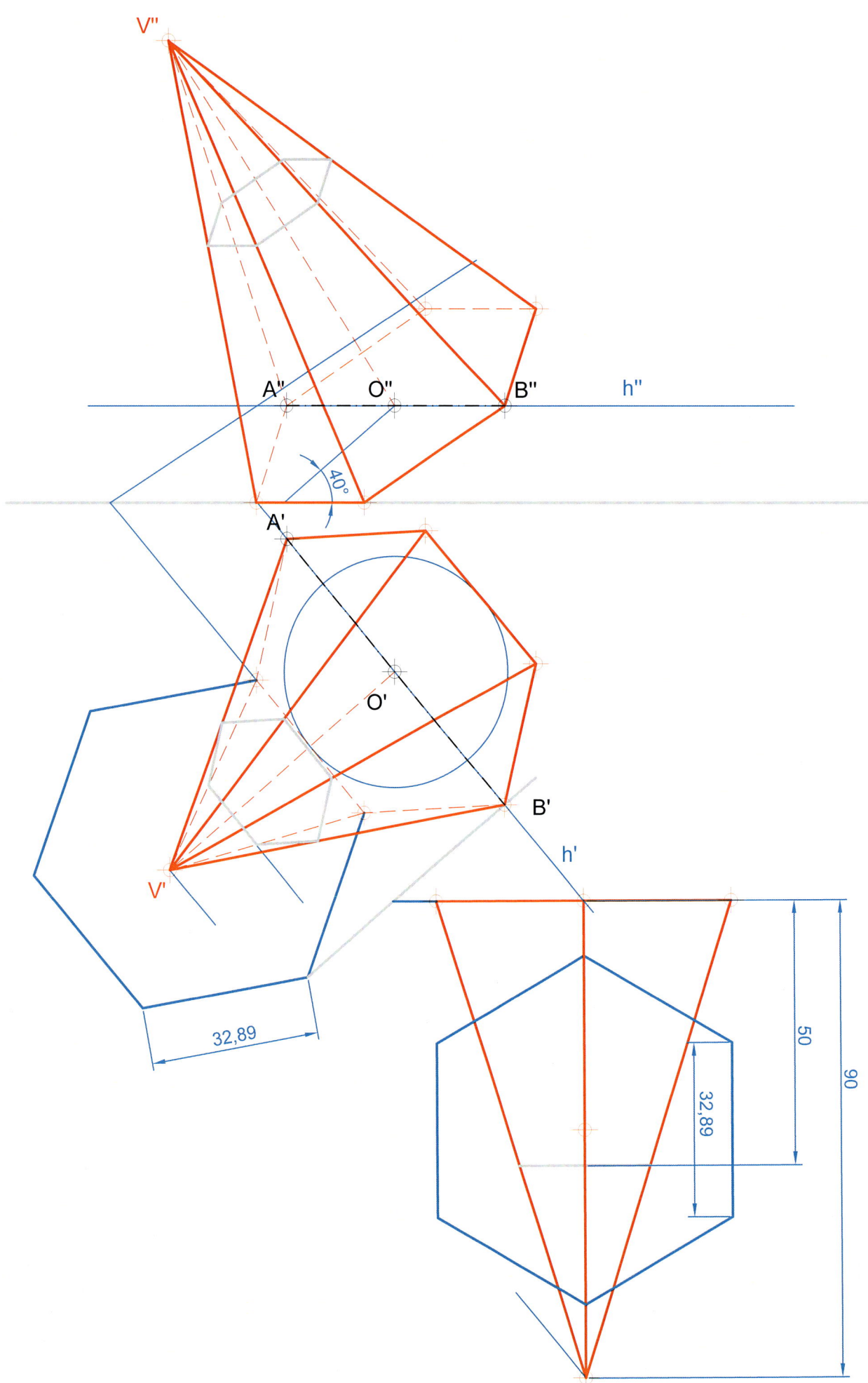

Marraztu ezazu beheko ABCD oinarria PQRS planoan duen kuboa. Planoaren malda eta kuboaren bolumena kalkulatu.

Dibujar el cubo cuya base inferior ABCD está en el plano PQRS. Calcular la pendiente del plano y el volumen del cubo.

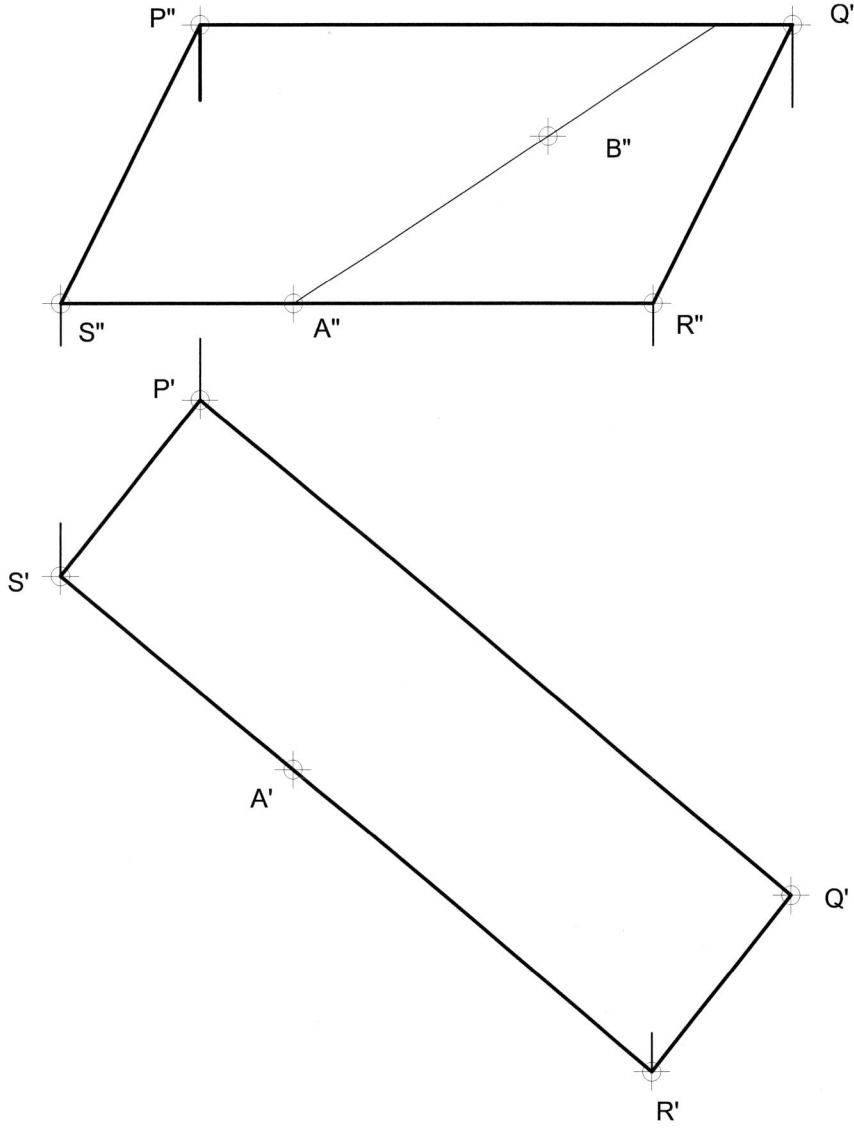

Bolumena: 72,135 mm³; Malda: 51º
Volumen: 72,135 mm³; Pendiente: 51º

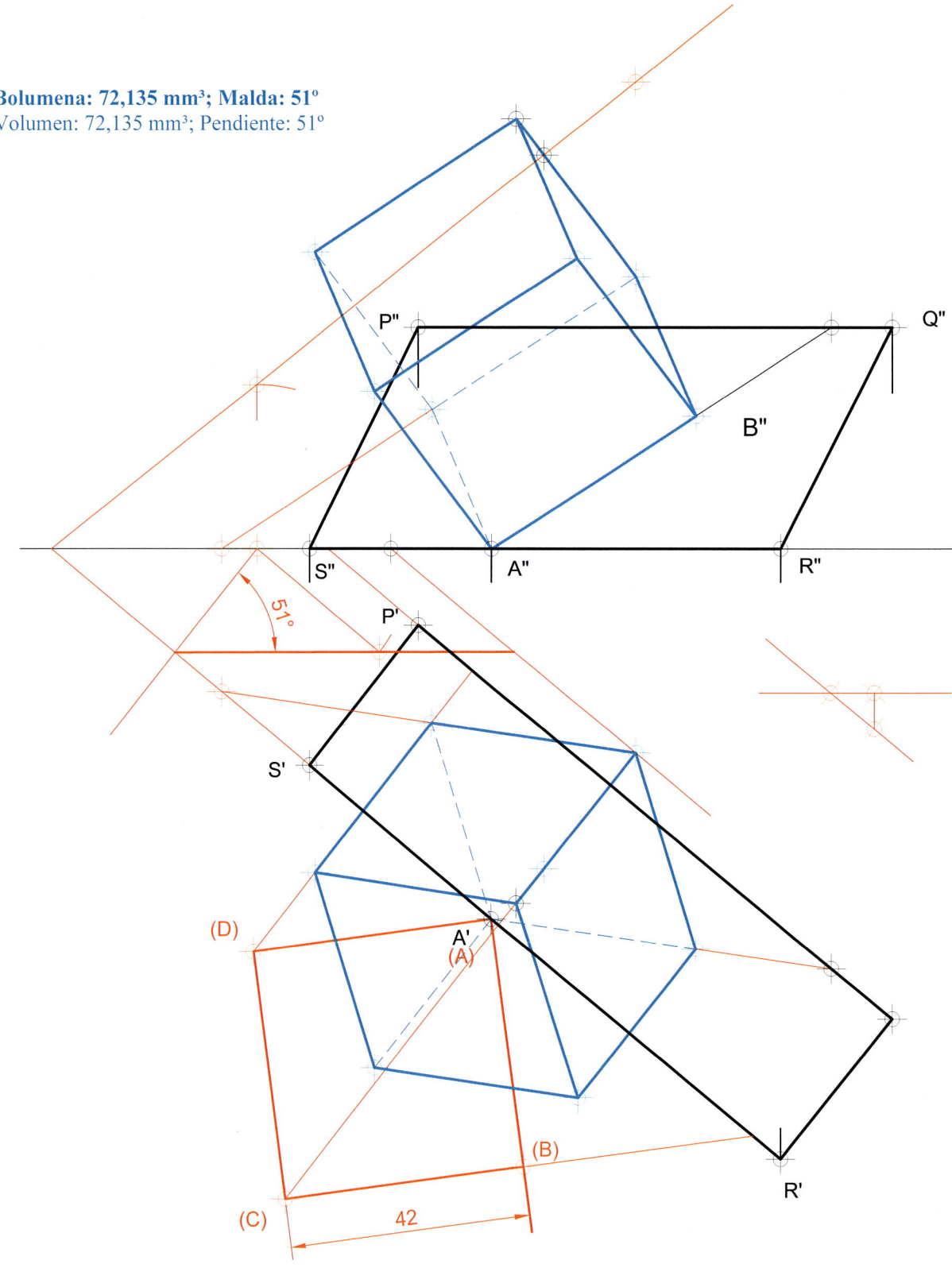

"AC" zuzena kubo baten beheko aurpegiko (ABCD) diagonala da. ABCD plano horrek 30° osatzen ditu PH-rekin eta ezkerrerantz jaisten da. Marraztu poliedroa behar bezala bistaratuta eta aurkitu A puntutik pasatzen den diagonal nagusiarekiko elkarzuta den planoak sortzen dion sekzioa (haren erdiko puntuan da elkarzuta).

La recta "AC" es la diagonal de la cara inferior (ABCD) de un cubo. Este plano ABCD forma 30° con el PH y desciende a la izquierda. Dibujar el poliedro correctamente visualizado y hallar la sección que le produce un plano perpendicular a la diagonal principal que pasa por A (perpendicular por su punto medio).

⊕ A " = C "

A '

C '

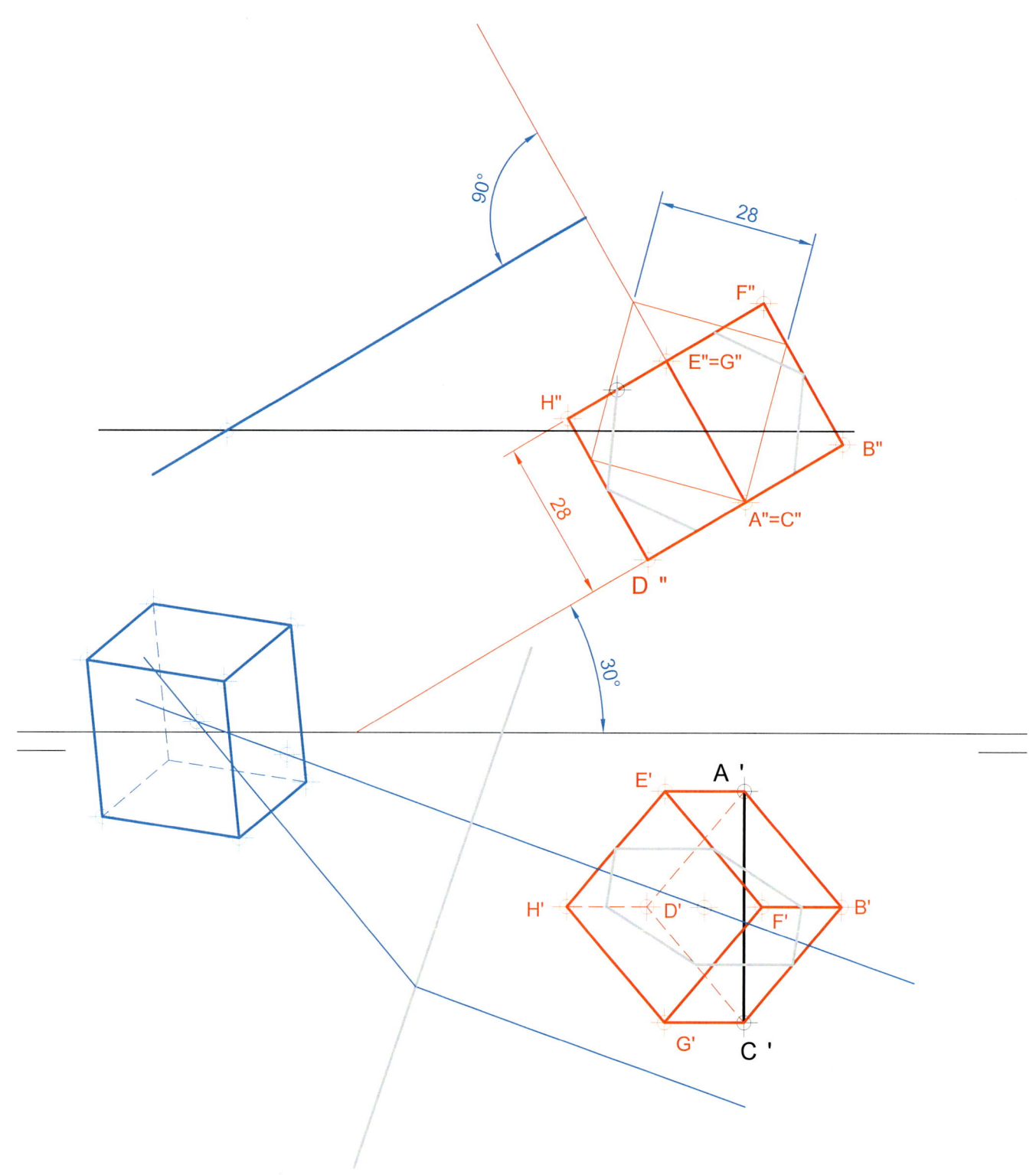

1. Marraztu prisma forma duen tximinia baten proiekzio diedriko eta bistaratuak, haren oinarria ABCD karratua dela jakinik. ABCD planoa PH-ean dago. C eta D puntuek B-k baino urrunera txikiagoa dute. Tximiniaren ertzek 120° IE-ko norabidea izan behar dute eta 2 metroko kota maximora heldu behar dira, eta haien luzera 3 metrokoa izan behar da. Tximiniak eskuinerantz igo behar du.
2. Marraztu "h1" eta "h2" zuzenen bidez definitutako teilatu-hegal batek tximinian sortzen duen sekzioa. Aurkitu sekzio honen egiazko magnitudea.
3. Aurkitu "r" zuzenak definitzen duen kablearen eta tximiniaren arteko elkargune-puntuak. Zuzena bistaratu.

Eskala 1:50

1. Dibujar las proyecciones diédricas visualizadas de una chimenea prismática cuya base es el cuadrado ABCD. El plano ABCD está en el PH. Los puntos C y D tienen un alejamiento menor que el punto B. Las aristas de la chimenea deben tener un rumbo de 120° NE y deben alcanzar una cota máxima de 2 metros, siendo la longitud de éstas de 3 metros. La chimenea debe ascender hacia la derecha.
2. Dibujar la sección que produce en la chimenea un alero definido por las rectas "h1" y "h2". Hallar la verdadera magnitud de la sección.
3. Hallar los puntos de intersección del cable definido por la recta "r" y la chimenea. Visualizar la recta.

Escala 1:50

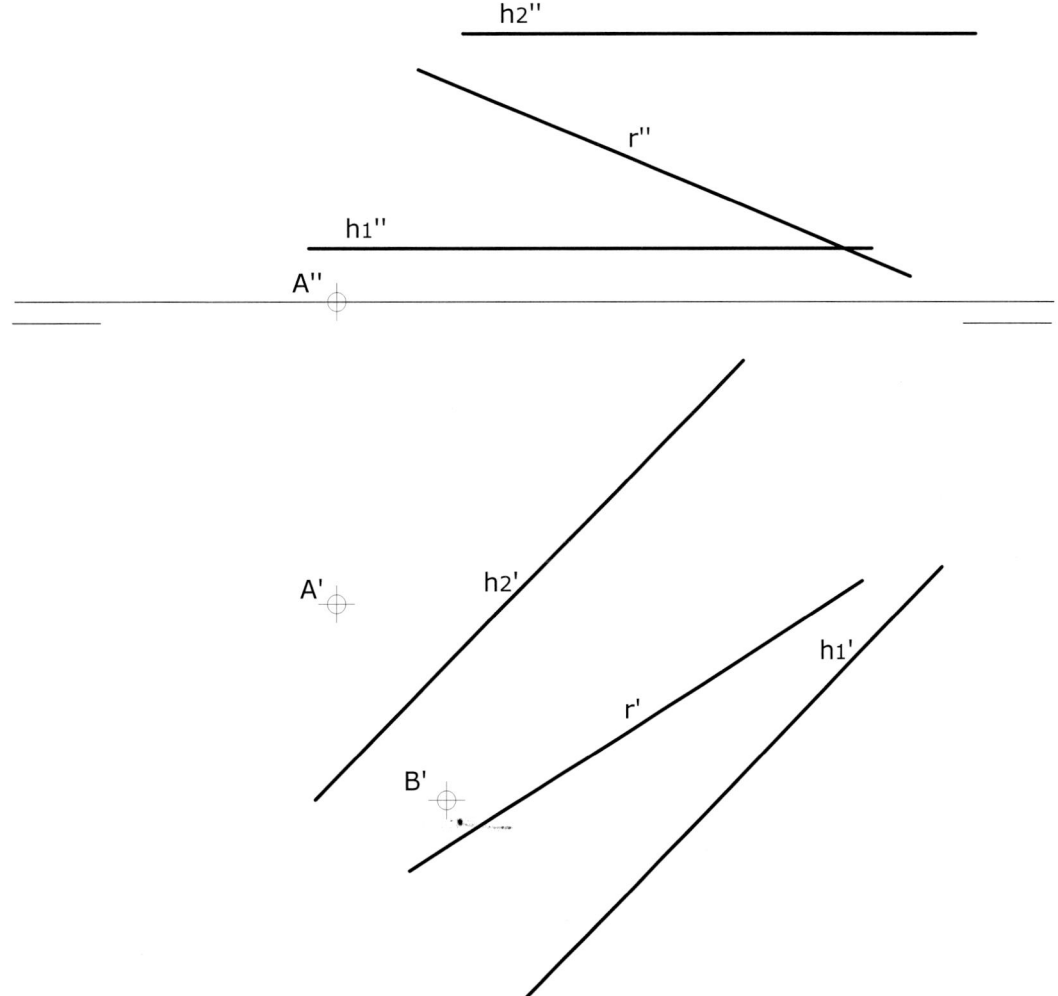

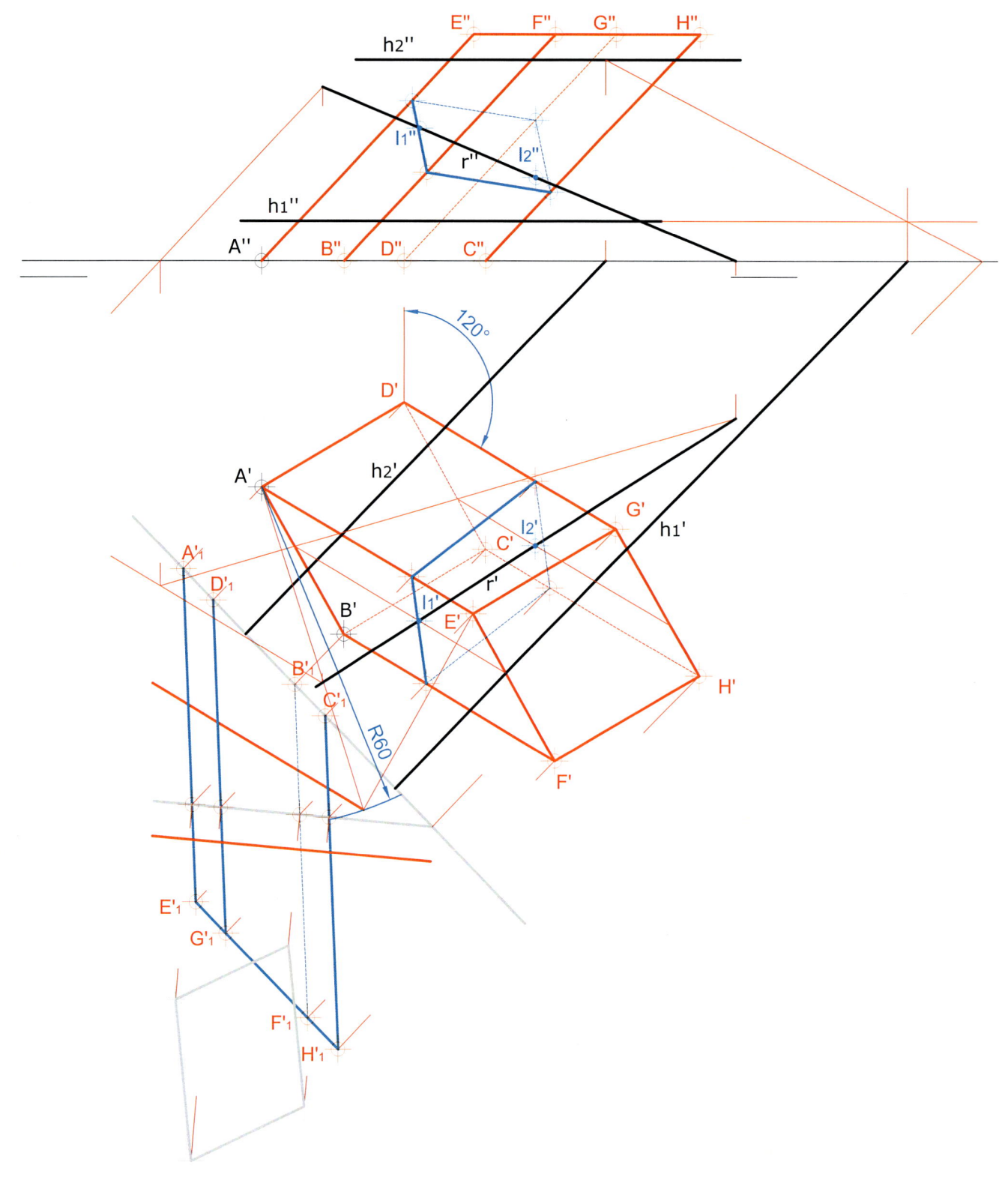

r zuzena tetraedro baten altuera duen zuzena da eta A haren erpin bat. Marraztu itzazu kotarik altuena duen tetraedroaren bista diedrikoak behar bezala bistaratuta.

La recta r es la recta que contiene a la altura de un tetraedro y el punto A uno de sus vertices. Dibujar las vistas diédricas correctamente visualizadas del tetraedro de mayor cota.

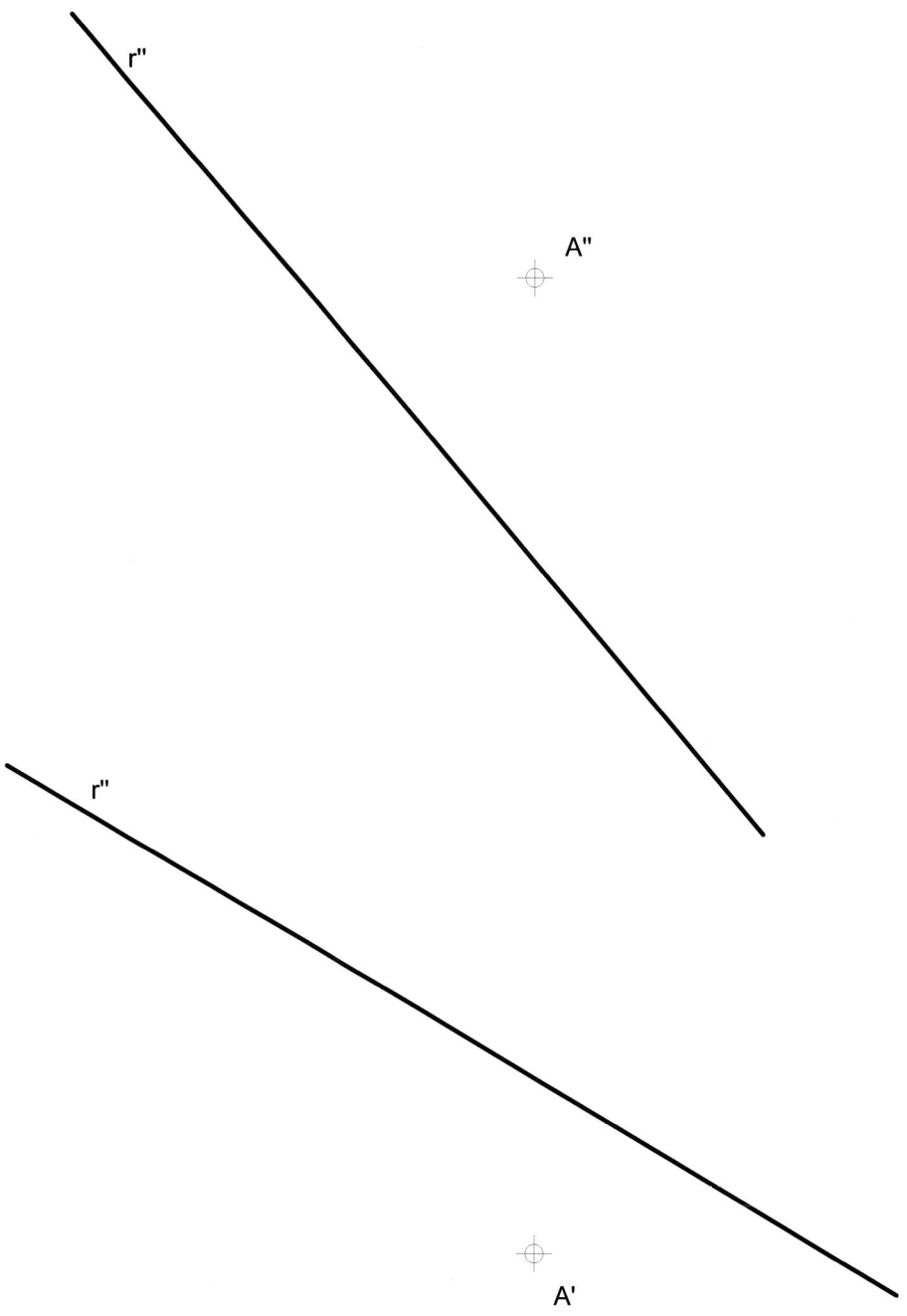

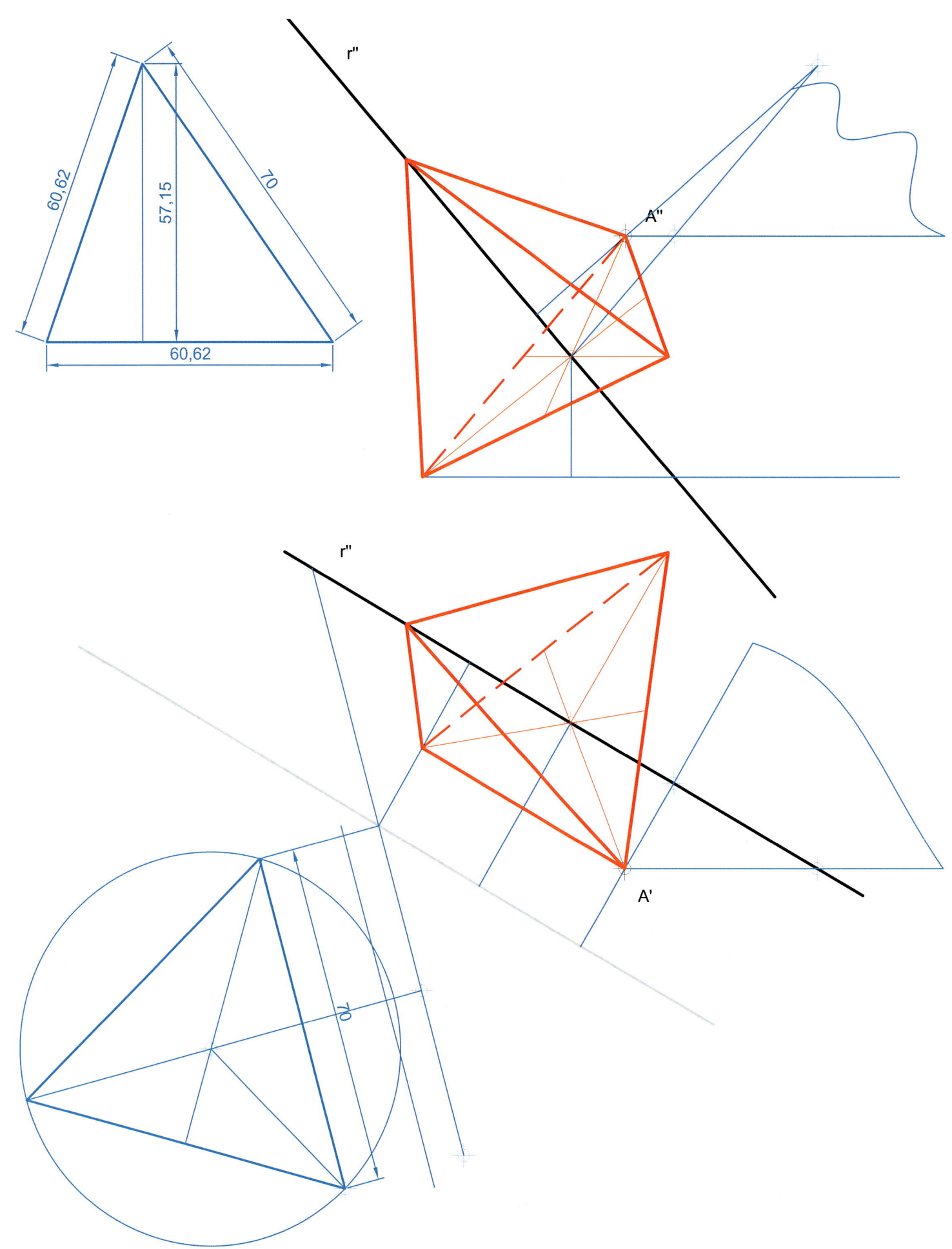

60,62

57,15

70

60,62

r"

A"

r"

A'

70

Irudian, tobera baten bista diedrikoak agertzen dira. Hustuketa egin ahal izateko, beste hodi baten ABCD sekzio karratu horizontaletik abiatzen den hodi prismatiko bat eraiki nahi da. Hodiaren ertzek 40° IM-ko norabidea eta 35°-ko malda izan behar dute. Marraztu itzazu hodiaren proiekzio diedrikoak toberarekiko duen elkarguneraino, eta haren garapena marraztu. Kalkulatu, era berean, hodiak toberarekin duen sekzioaren eta toberaren aldeen benetako magnitudea.

En la figura se muestran las vistas diédricas de una tolva. Para su vaciado se quiere construir una tubería prismática que parta de la sección cuadrada horizontal ABCD de otra tubería. Las aristas de la tubería deben tener una dirección de 40° NO y una pendiente de 35°. Dibujar las proyecciones diédricas de la tubería hasta su intersección con la tolva y dibujar su desarrollo. Calcular también la verdadera magnitud de la sección de la tubería con la tolva y de los lados de la tolva.

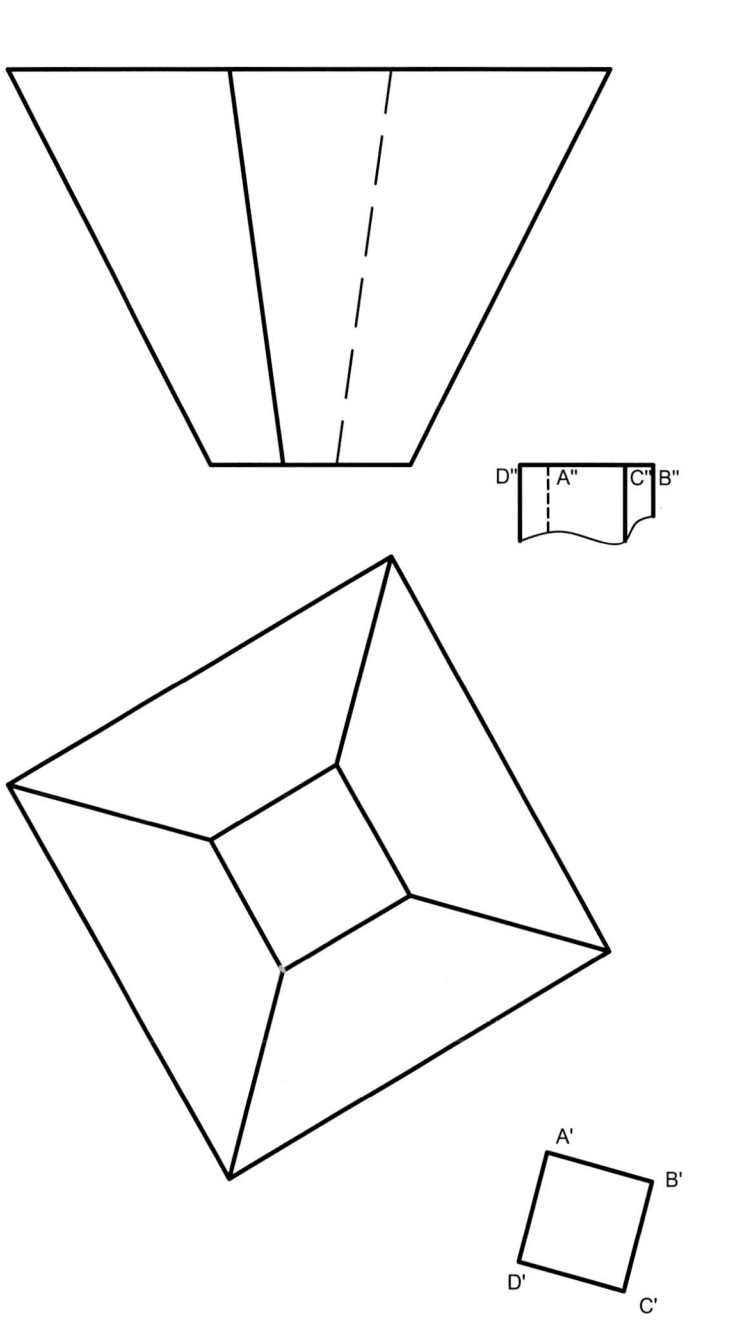

N/I

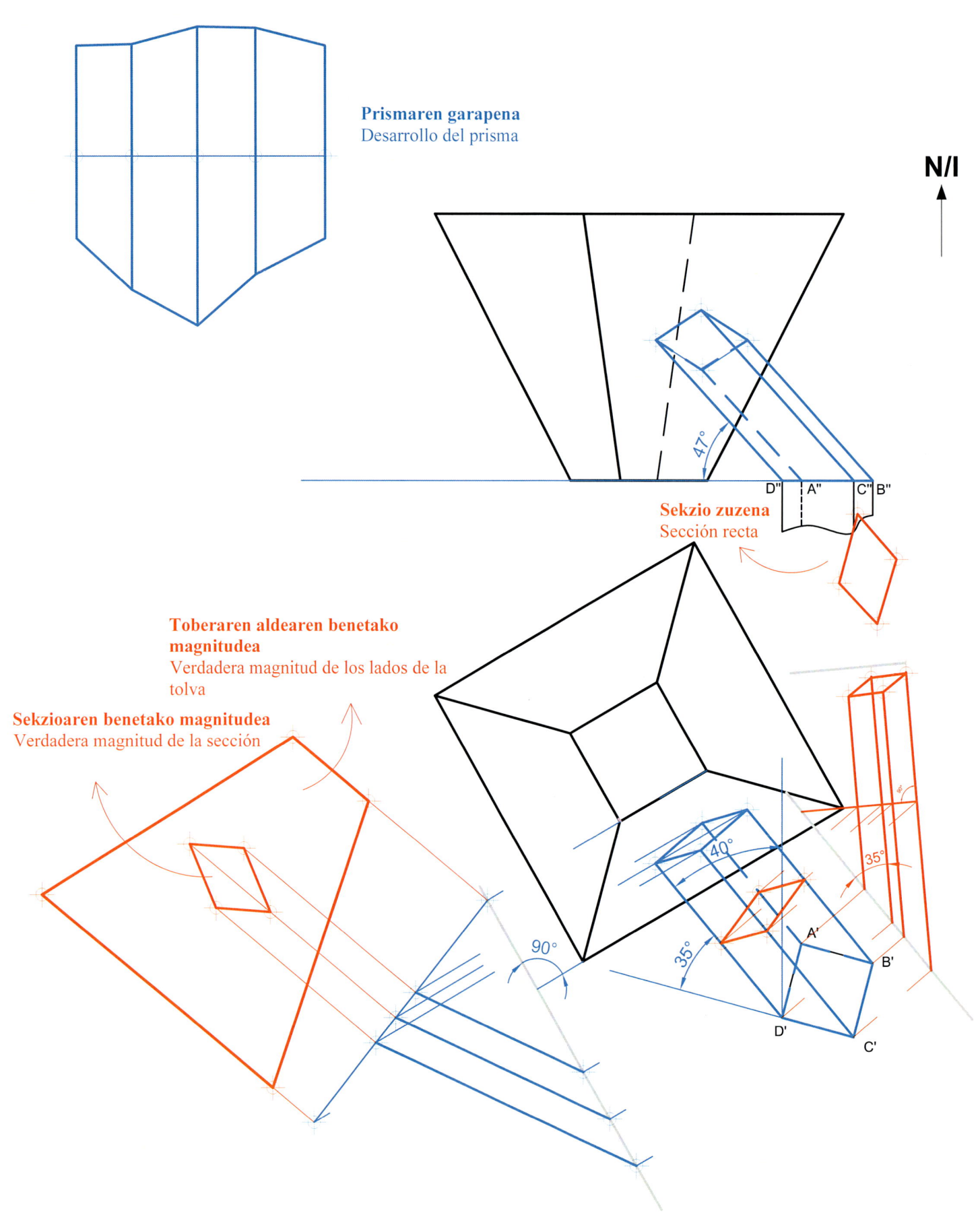

Prismaren garapena
Desarrollo del prisma

N/I

Sekzio zuzena
Sección recta

Toberaren aldearen benetako magnitudea
Verdadera magnitud de los lados de la tolva

Sekzioaren benetako magnitudea
Verdadera magnitud de la sección

47°

90°

40°

35°

35°

D" A" C" B"

A'
B'
D'
C'

A eta B puntuak tunel bat zeharkatuko duen lur eremu baten isurialde lau batekoak dira. Planoak 45°-ko malda du, ekialderantz igotzen da, eta 60 metroko altuera du. Tunelaren ardatza T puntutik abiatzen da, ahalik eta laburrena izan behar da, eta 15°-ko goranzko malda izan behar du. Tunelaren sekzio zuzena 20 metroko erradioko zirkunferentziaerdi bat da.

1. Marraztu itzazu tunelaren proiekzioak, behar bezala bistaratuak, T puntutik planoarekin duen elkarguneraino.
2. Marraztu ezazu elkargunearen benetako magnitudea.
3. Marraztu ezazu, halaber, T puntuaren eta planoaren arteko tunel zatiaren garapena.

Eskala 1:1000

Los puntos A y B pertenecen a la vertiente plana de un terreno por donde atravesará un túnel. El plano tiene 45° de pendiente ascendente hacia el Este y una altura de 60 metros. El eje del túnel parte del punto T, debe ser lo más corta posible y con una pendiente ascendente de 15°. La sección recta del túnel es una semicircunferencia de radio 20 metros.

1. Dibujar las proyecciones, correctamente visualizadas, del túnel desde el punto T hasta su intersección con el plano.
2. Dibujar la verdadera magnitud de la intersección.
3. Dibujar el desarrollo de la sección del túnel comprendido entre el punto T y el plano túnel.

Escala 1:1000

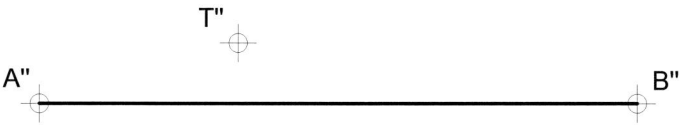

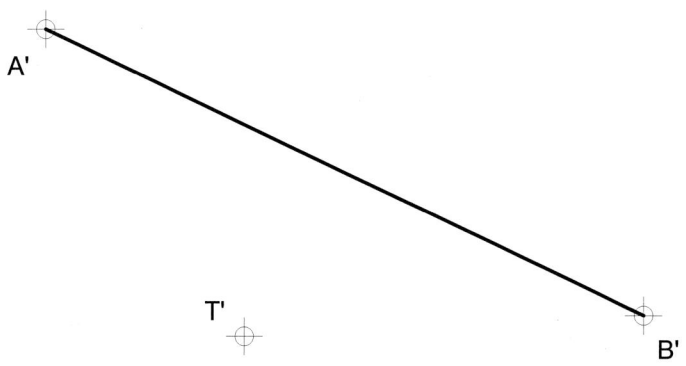

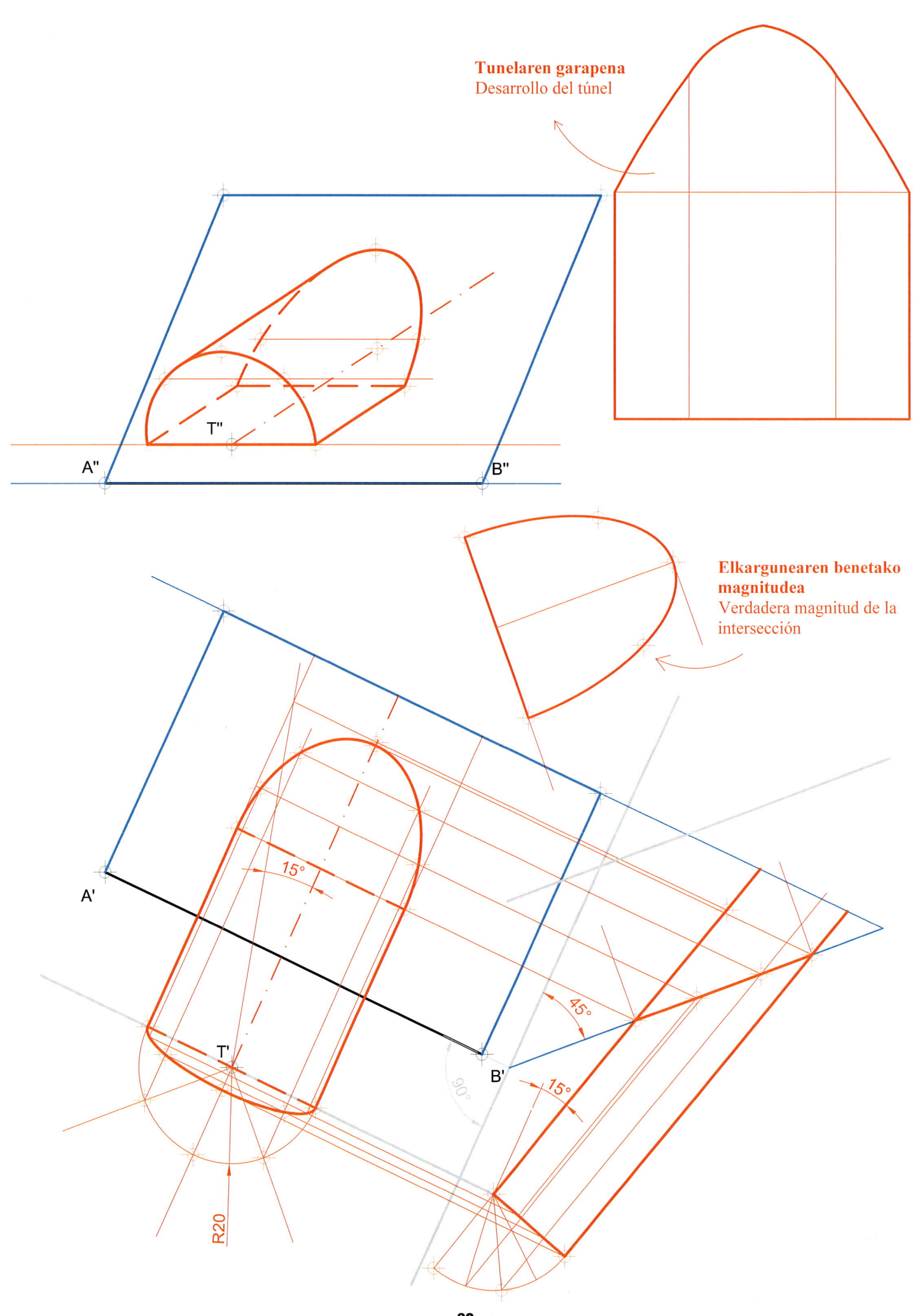

Tunelaren garapena
Desarrollo del túnel

Elkargunearen benetako magnitudea
Verdadera magnitud de la intersección

A"

B"

T"

A'

B'

T'

15°

45°

15°

90°

R20

Sistema Akotatua

Sistema Acotado

Ebatzi emandako oinplanoko estalkia eta marraztu geziaren bidez adierazitako bista.

Kanpoko isurialdeen malda % 40koa da eta barruko patiokoena % 80koa. Teilatu-hegalen kotak plantan adierazten dira.

Eskala 1:250

Resolver la cubierta cuya planta se adjunta y dibujar el alzado indicado.

Las pendientes de los faldones exteriores son del 40% y la del patio interior es del 80%. Las cotas de los aleros se indican en la planta.

Escala 1:250

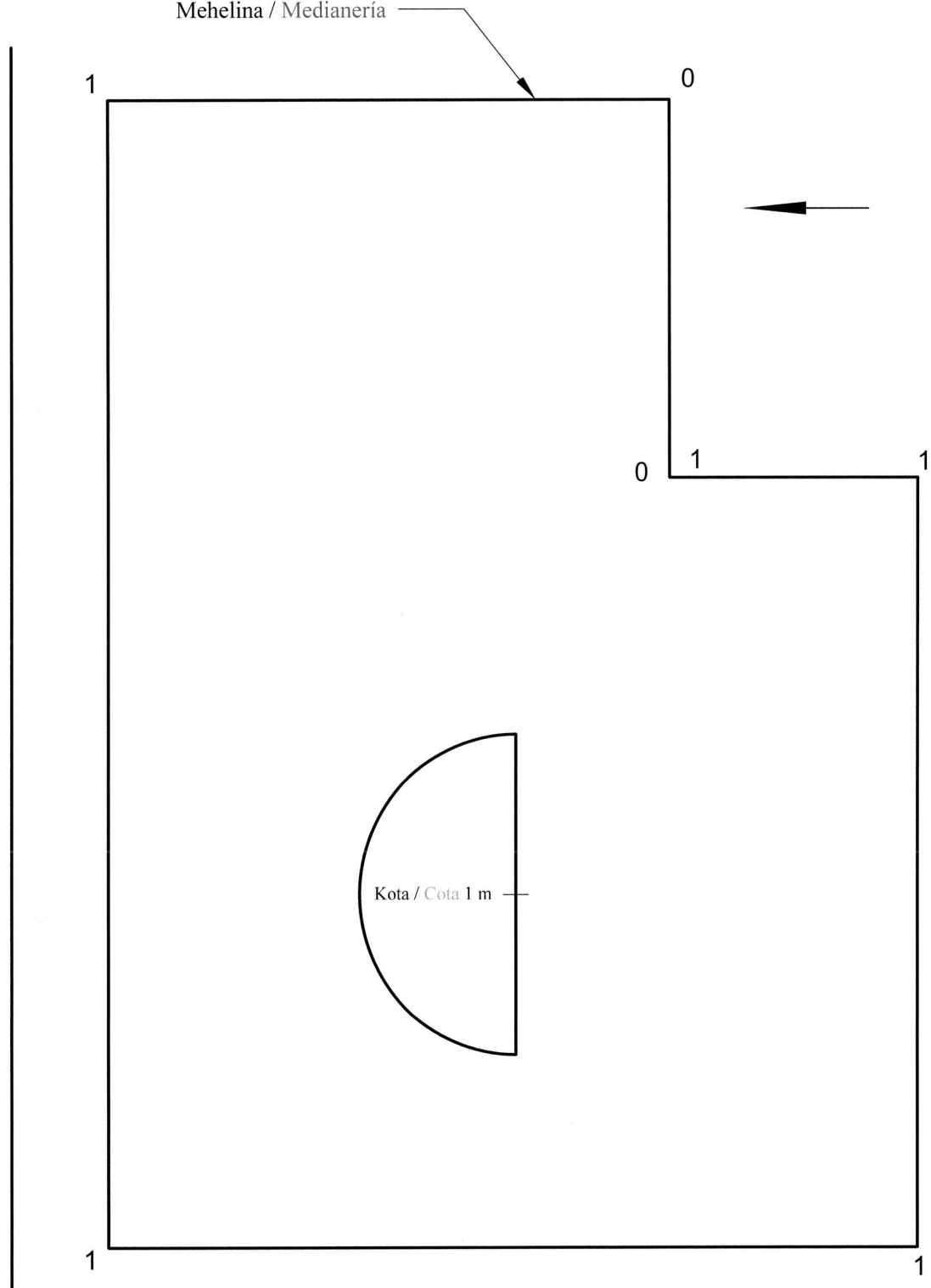

Mehelina / Medianería

Kota / Cota 1 m

Kanpoko isurialdeen tartea= 10 mm
Barruko isurialdeen tartea= 5 mm
Módulo de los faldones exteriores= 10 mm
Módulo de los faldones interiores= 5 mm

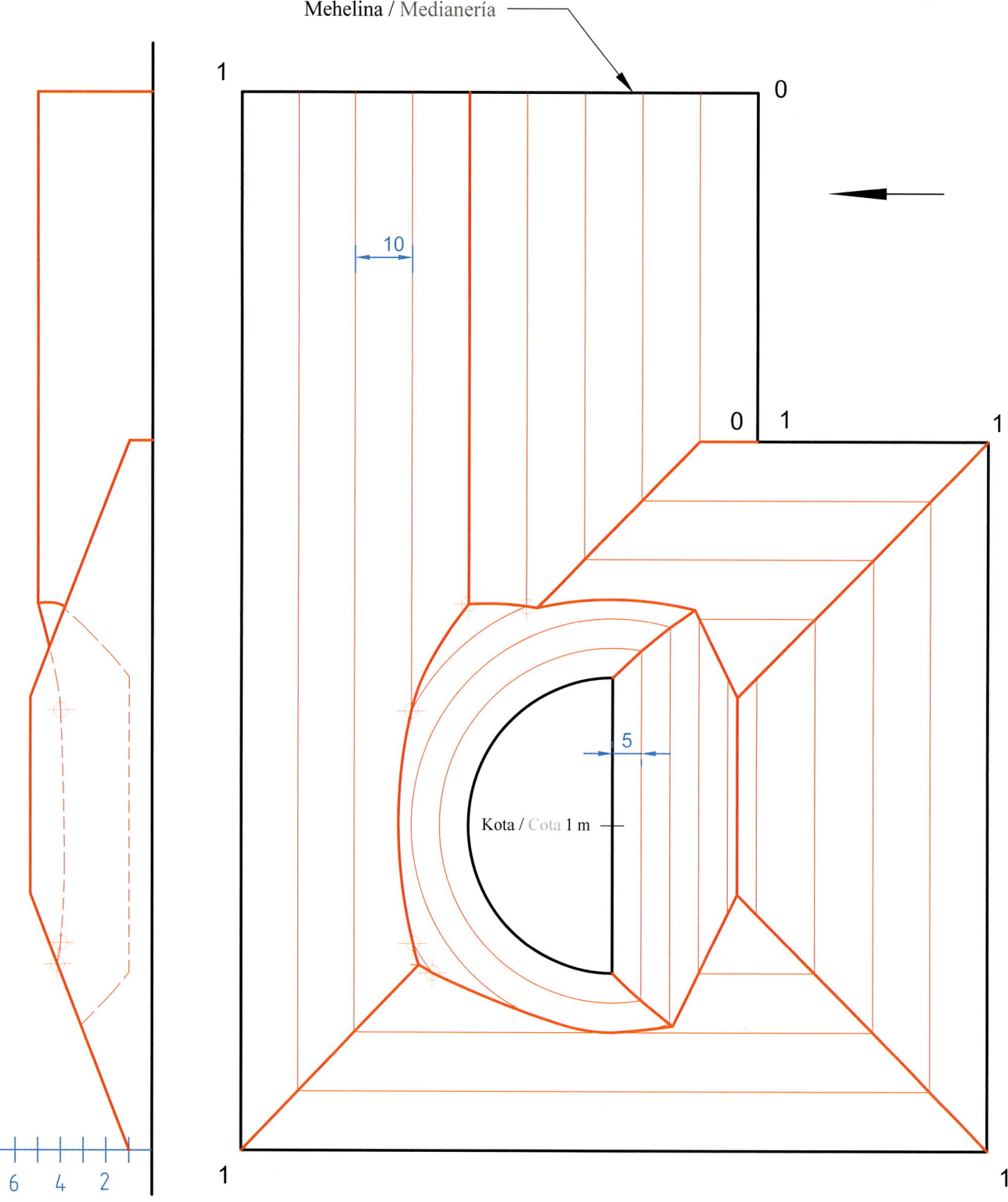

Mehelina / Medianería

Kota / Cota 1 m

Ebatzi emandako estalkia, kanpoko isurialdeen malda 2/3 eta patiokoena 1 dela jakinda.
Estalkiaren aurreko bista ere marraztu.

Eskala 1:200

Resolver la cubierta dada, sabiendo que la pendiente de los faldones exteriores es 2/3 y las del patio es de 1.
Dibujar el alzado de la cubierta.

Escala 1:200

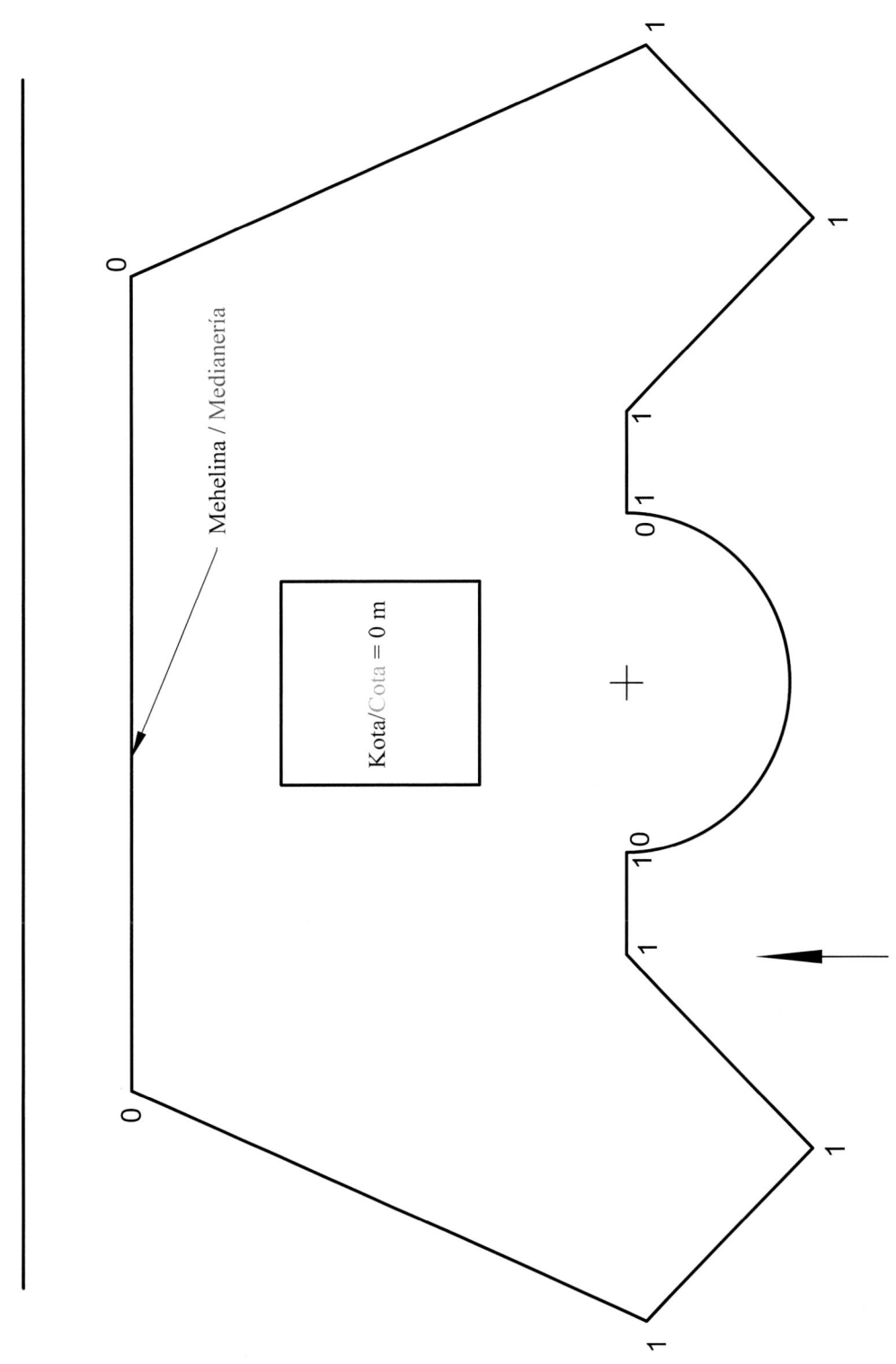

Mehelina / Medianería

Kota/Cota = 0 m

Kanpoko isurialdeen tartea= 8 mm
Barruko isurialdeen tartea= 5 mm
Módulo de los faldones exteriores= 8 mm
Módulo de los faldones interiores= 5 mm

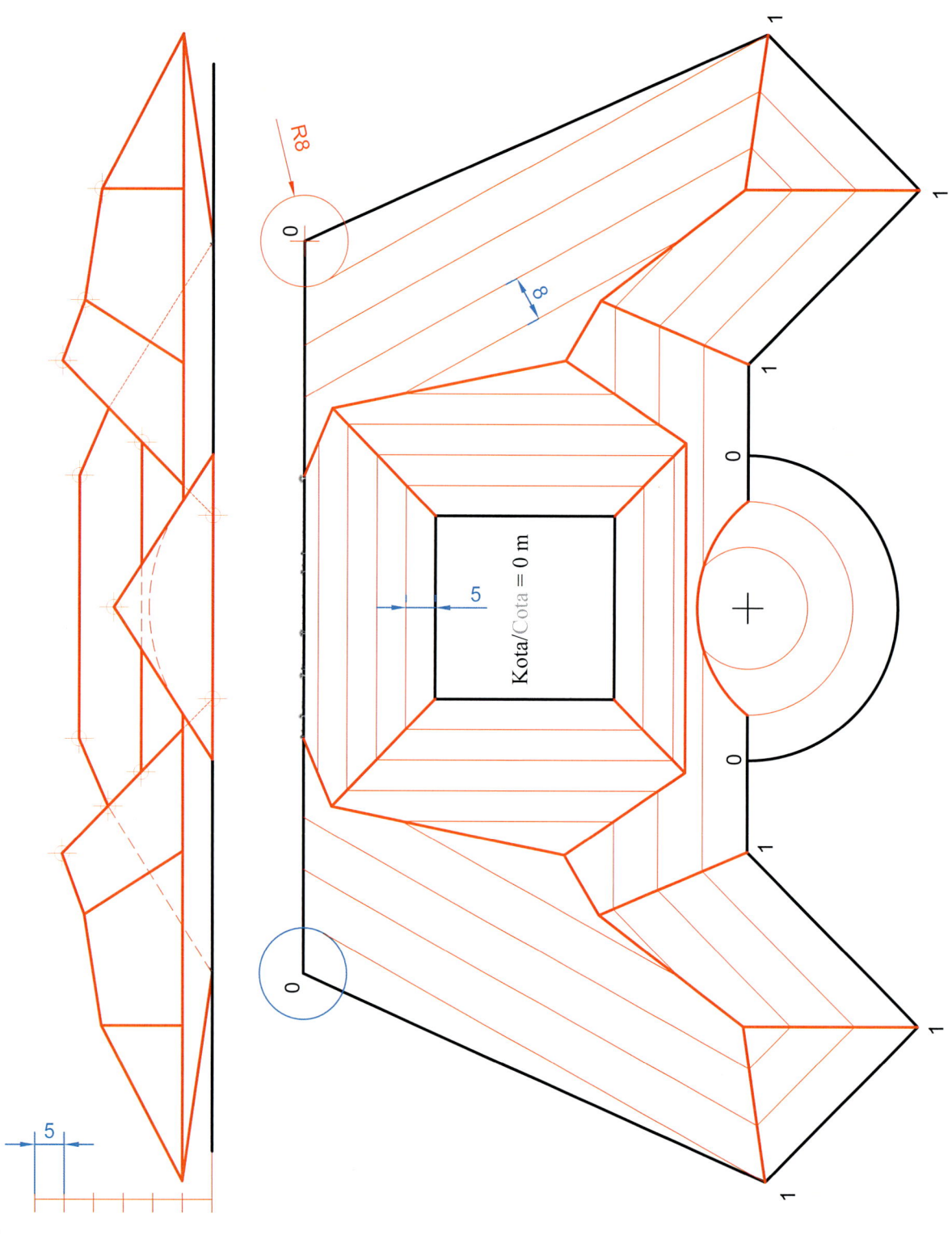

Ebatzi emandako estalkia, kanpoko isurialdeen tartea 8 mm eta patiokoena 10 mm dela jakinda. Marraztu ezazu, halaber, adierazten den estalkiaren aurreko bista.
Zehaztu ezazu kanpoko eta barruko isurialdeen malda.

Eskala 1:200

Resolver la cubierta dada, sabiendo que el intervalo de los faldones exteriores es de 8 mm y las del patio de 10 mm. Dibujar también el alzado de la cubierta que se indica.
Determinar el ángulo de inclinación de los faldones exteriores e interiores.

Escala 1:200

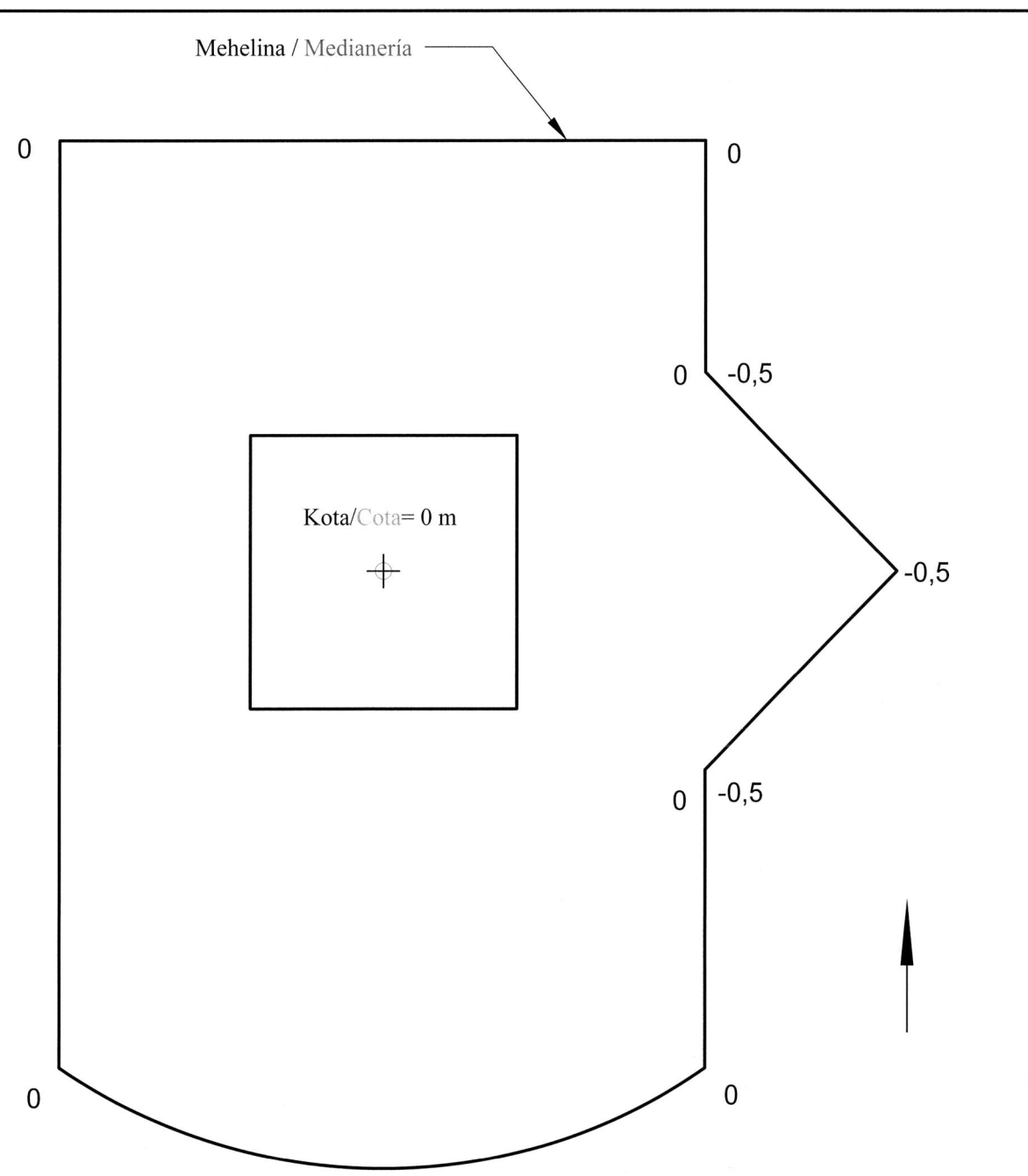

Mehelina / Medianería

0   0

0 -0,5

-0,5

Kota/Cota= 0 m

0 -0,5

0   0

Kanpoko isurialdeen tartea= 8 mm
Barruko isurialdeen tartea= 10 mm
Módulo de los faldones exteriores= 8 mm
Módulo de los faldones interiores= 10 mm

5
32°
26.6°

Mehelina / Medianería
0
0
8
0
-0,5
4
Kota/Cota= 0 m
-0,5
10
8
-0,5
0
10
8
0
0
8

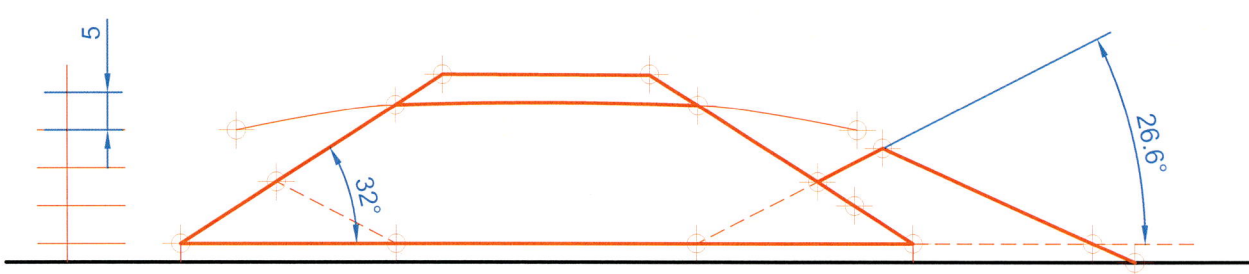

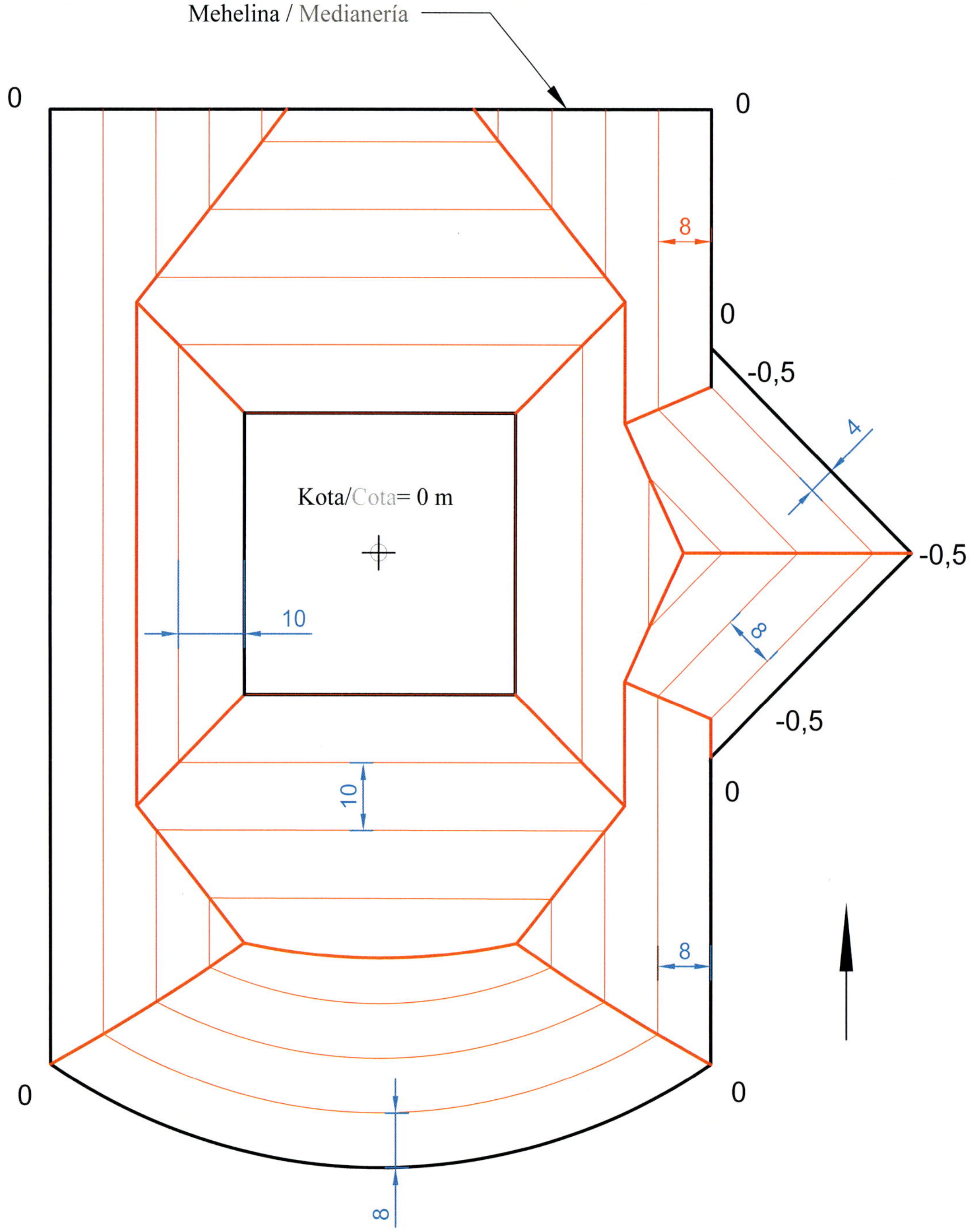

Ebatz ezazu emandako oinplantaren estalkia emandako datuekin. Marraztu ezazu, halaber, geziaren bidez adierazitako aurreko bista.

Kanpoko isurialdeen malda-angelua 30º -koa da eta patiora isurtzen duten isurialdeena 45º -koa.

Eskala 1:200

Resolver la cubierta cuya planta se adjunta con los datos que se indican. Dibujar también el alzado indicado mediante la flecha. El ángulo de pendiente de los faldones exteriores es de 30º y el los faldones que vierten al patio de 45º.

Escala 1:200

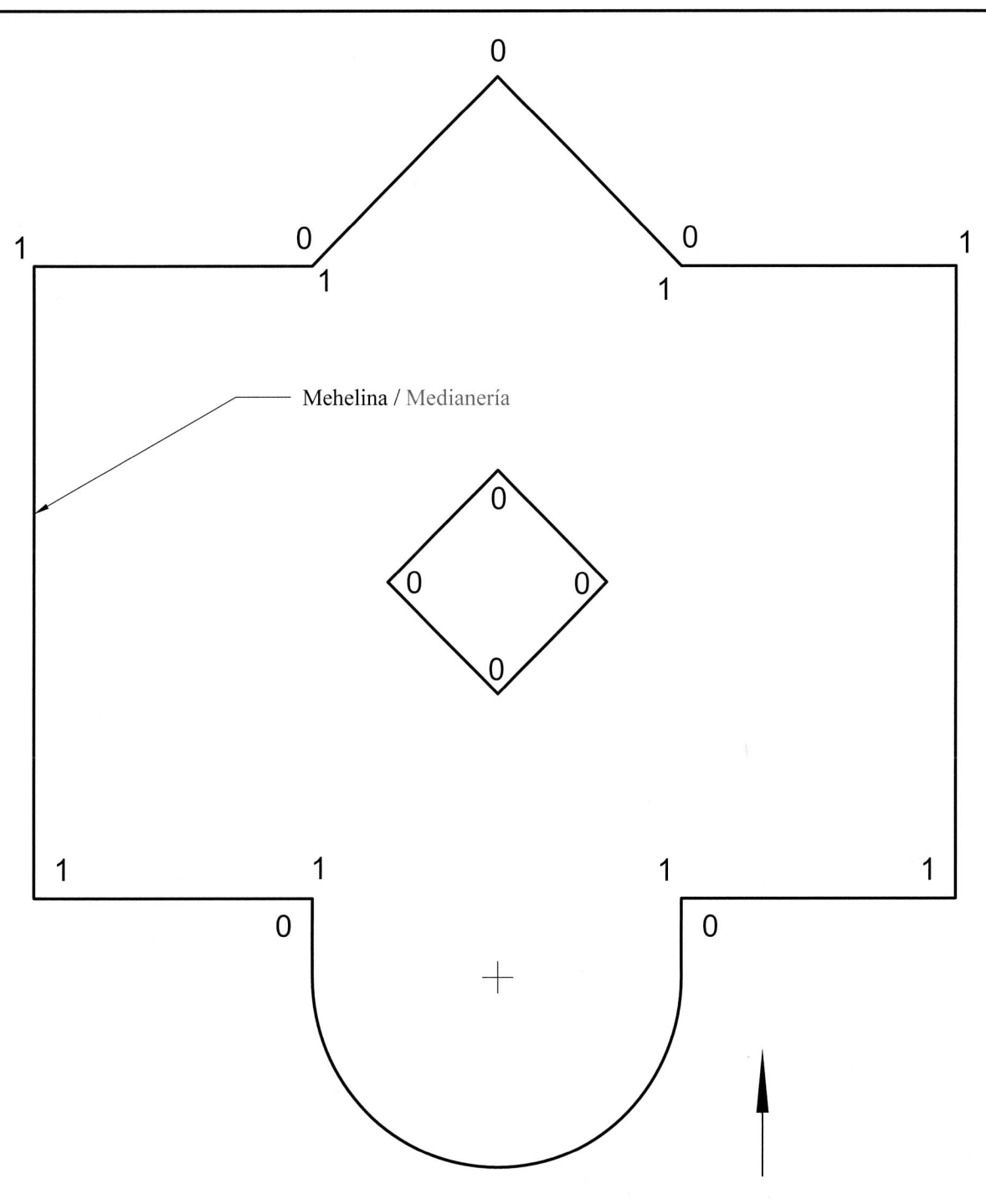

Mehelina / Medianería

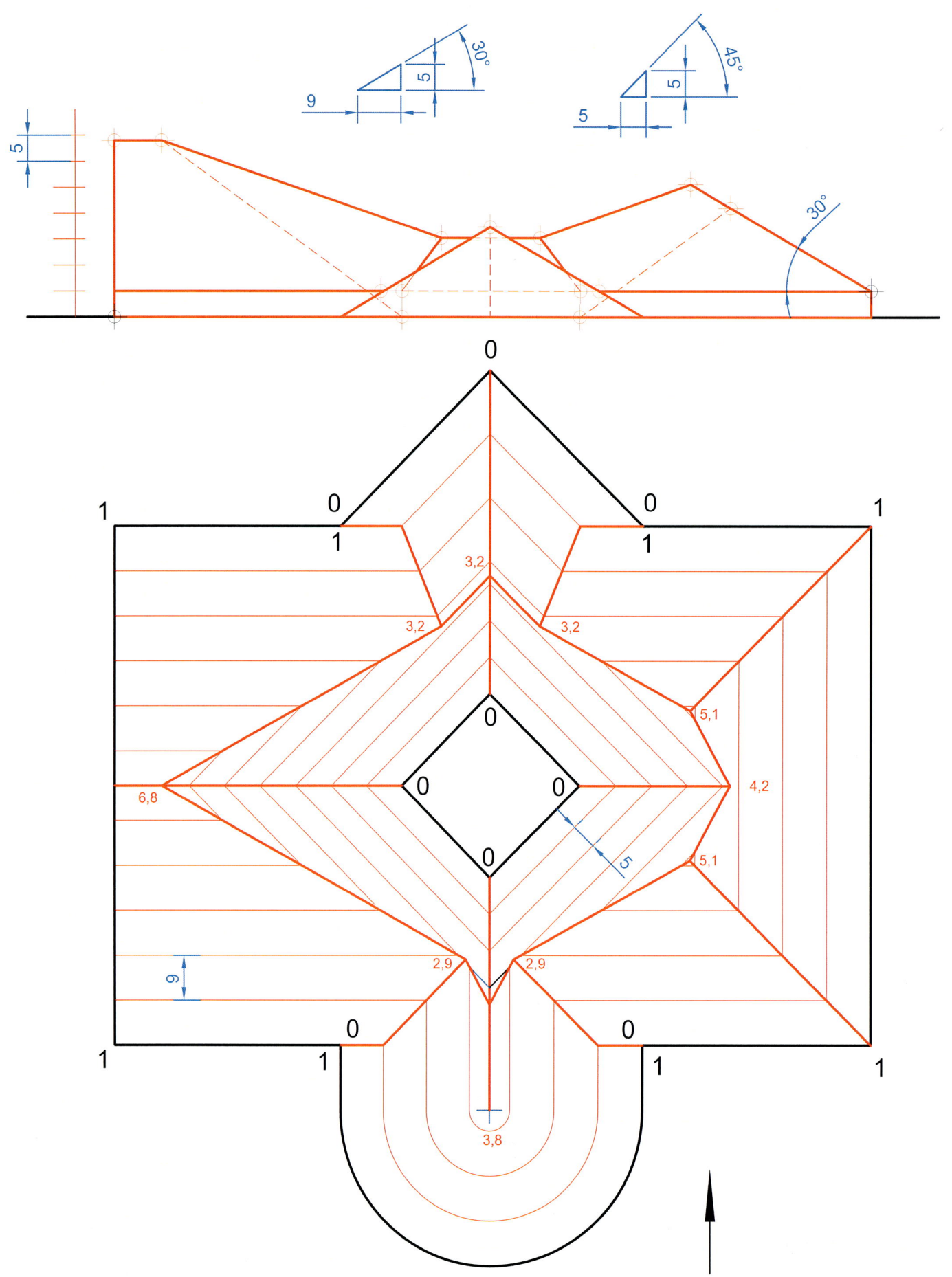

Ebatz ezazu emandako estalkia, kanpoko isurialdeen tartea 9 mm eta patiokoena 6 mm dela jakinda.

Marraz ezazu, era berean, adierazten den estalkiaren aurreko bista.

Zehaztu ezazu kanpoko eta barruko isurialdeen malda-angelua.

Eskala 1:200

Resolver la cubierta dada, sabiendo que el intervalo de los faldones exteriores es de 9 mm y las del patio de 6 mm. Dibujar el alzado de la cubierta que se indica.

Determinar el ángulo de pendiente de los aleros exteriores e interiores.

Escala 1:200

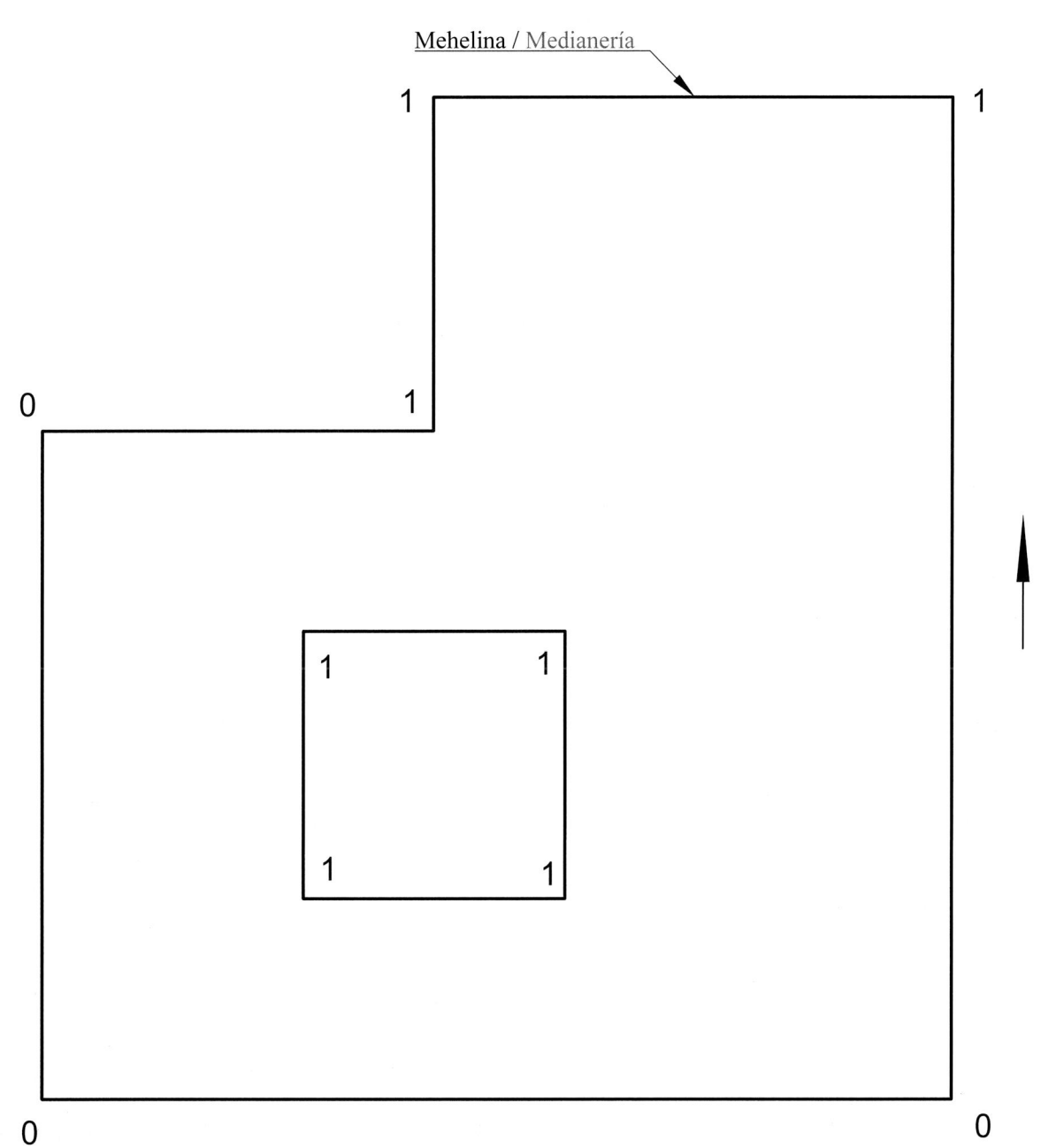

Mehelina / Medianería

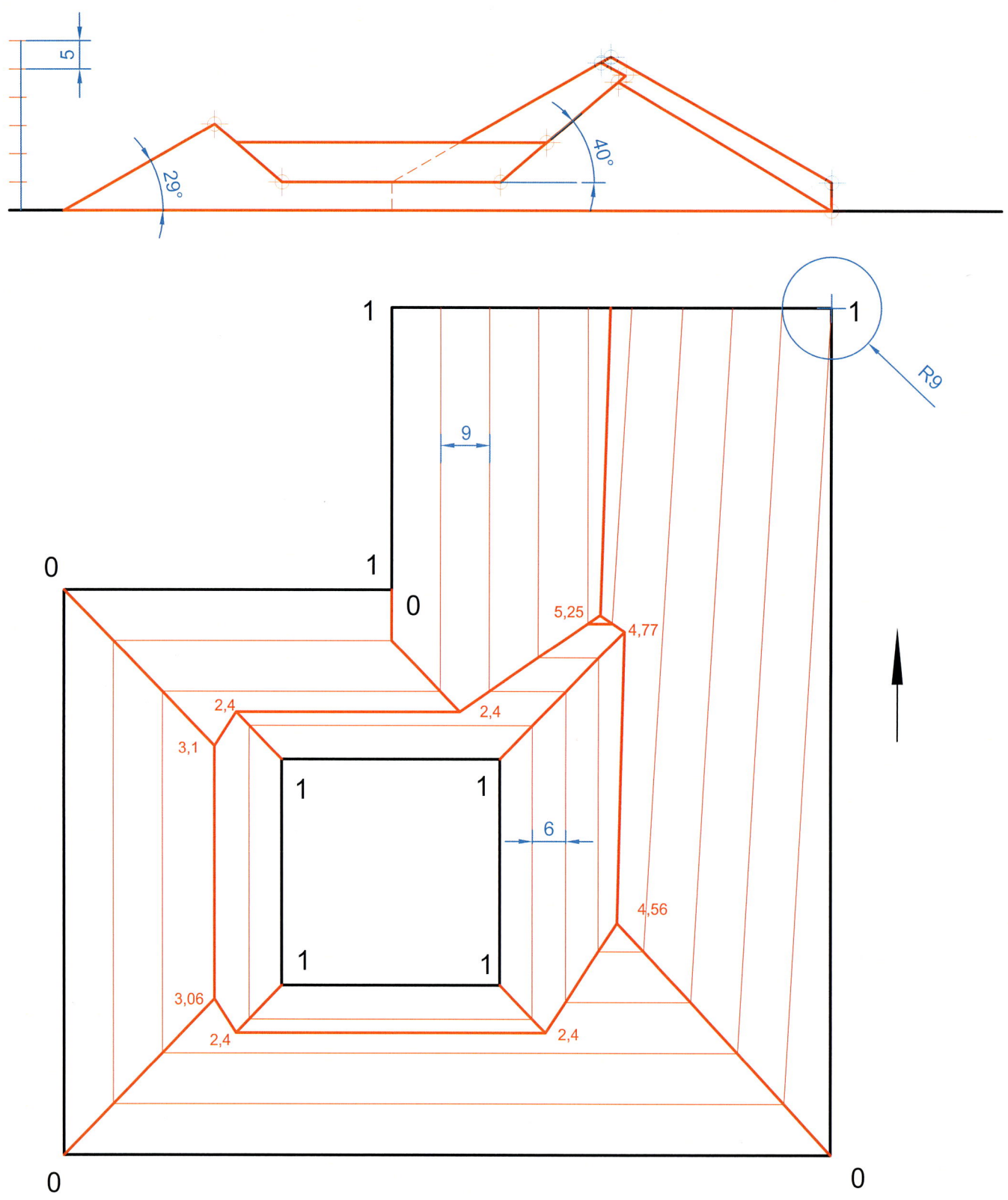

Marraztu emandako oinplanoko teilatuaren proiekzioa eta gezi batez adierazitako altxaera. Kanpoko isurialdeen malda % 50ekoa da eta patioarena bikoitza.

Teilatu-hegalen kotak oinplanoan adierazitakoak dira.

Eskala 1:100

Dibujar la proyección del tejado cuya planta se adjunta y el alzado indicado con una flecha. La pendiente de los faldones exteriores es del 50% y la del patio el doble. Las cotas de los aleros son las indicadas en la planta.

Escala 1:100

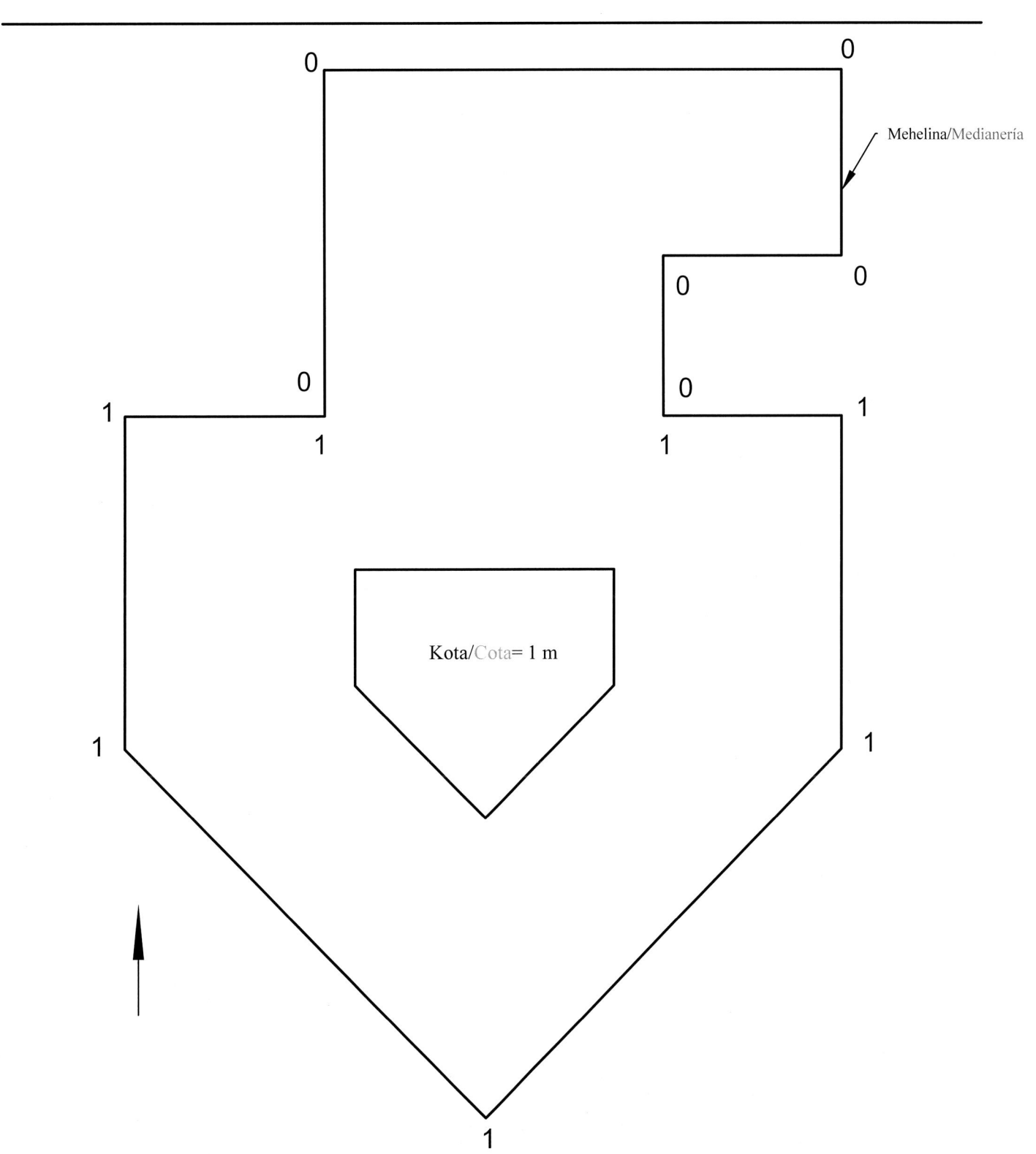

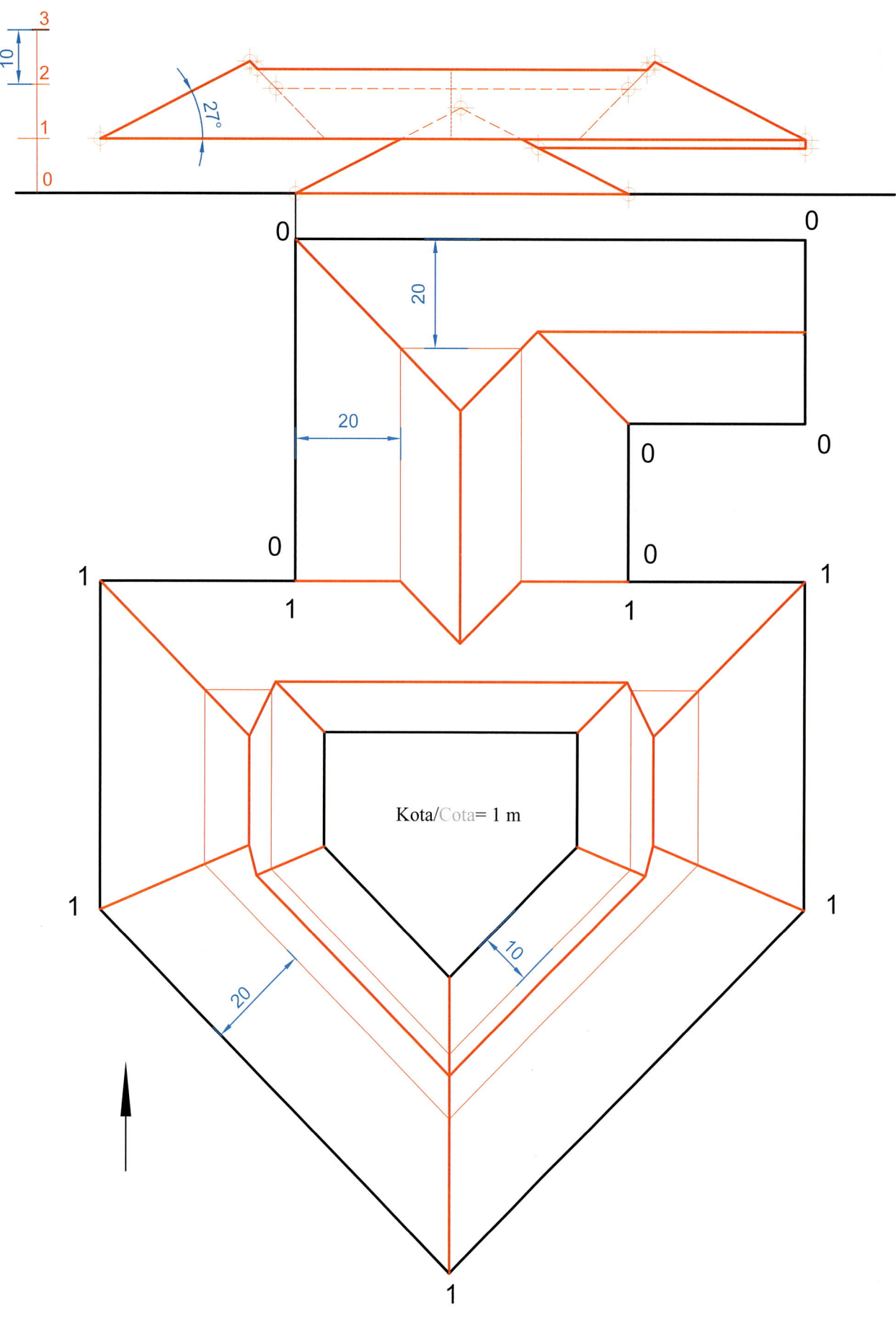

Kota/Cota= 1 m

Ebatzi emandako estalkia eta marraztu ezazu adierazitako aurreko bista. Isurialde guztiek %50eko malda dute.

Eskala 1:200

Resolver la cubierta dada y dibujar el alzado señalado. Los faldones tienen una pendiente del 50%.

Escala 1:200

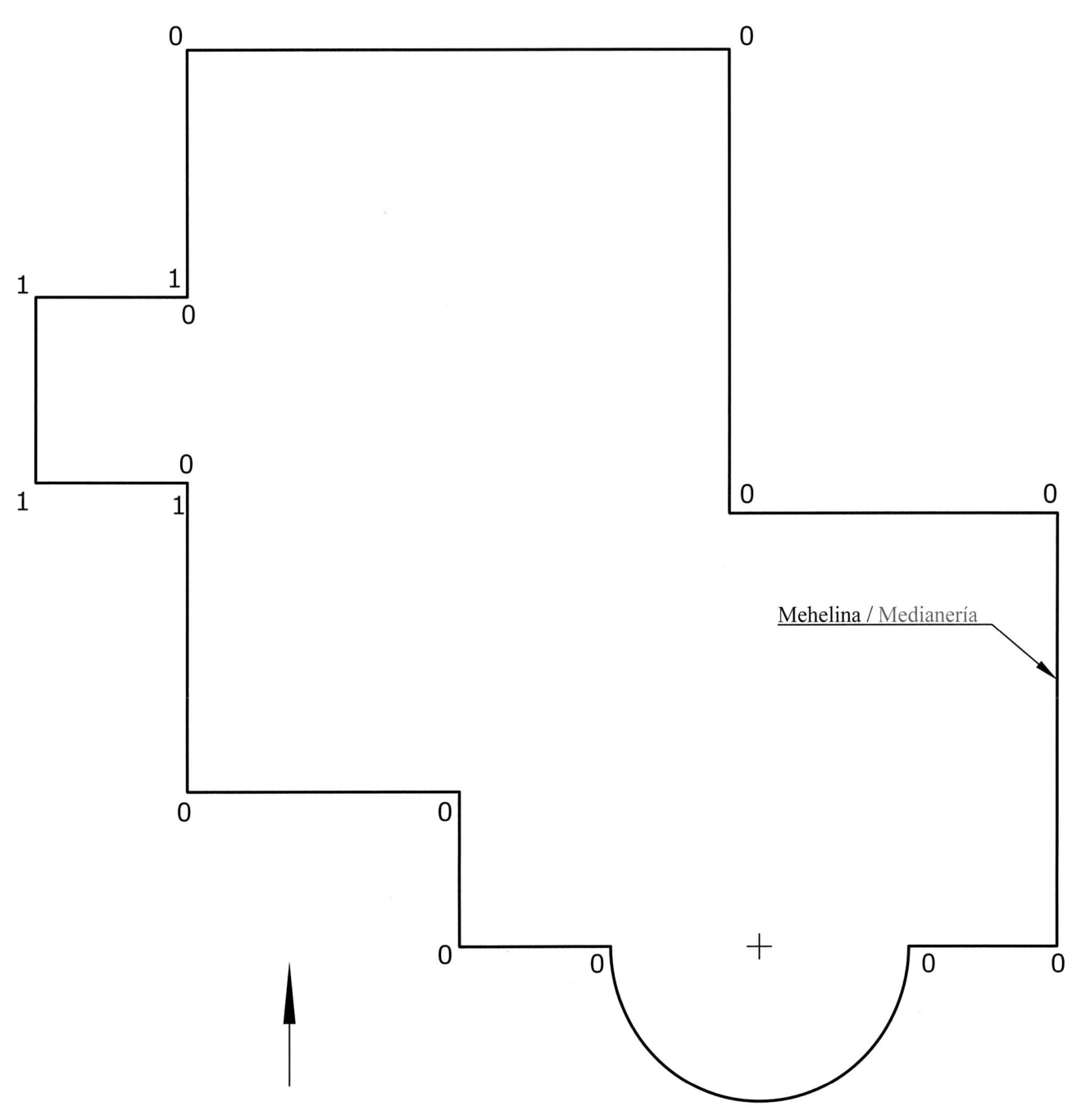

Mehelina / Medianería

$$\text{M: } \frac{100}{50} \times \frac{1}{200} \times 1000 = 10 \text{ mm}$$

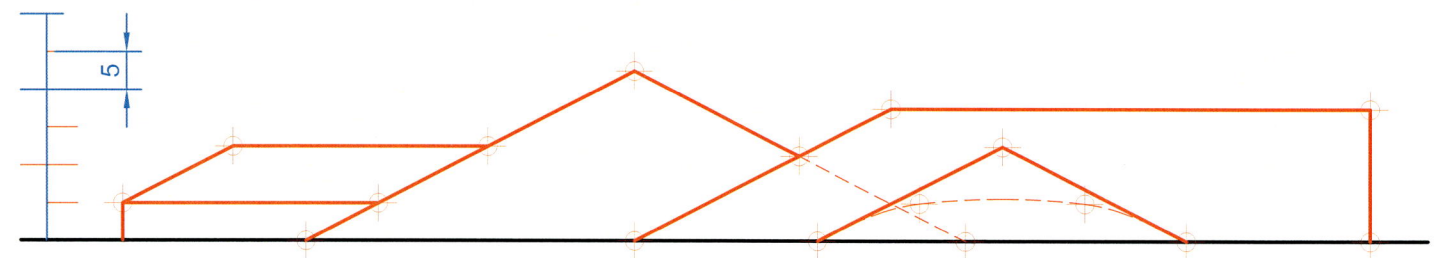

Ebatz ezazu emandako oinplanoaren estalkia emandako datuekin. Kalkula ezazu kanpoko eta barruko isurialdeen malda-angelua. Marraztu ezazu, halaber, geziaren bidez adierazitako aurreko bista.
- Kanpoko isurialdeen tartea 9 mm da.
- Barruko isurialdeen tartea 4 mm da.

Eskala 1:200

Resolver la cubierta cuya planta se adjunta con los datos que se indican. Calcular el ángulo de pendiente de los aleros exteriores e interiores. Dibujar también el alzado señalado con la flecha.
- Módulo de los faldones exteriores 9 mm
- Módulo de los faldones interiores 4 mm

Escala 1:200

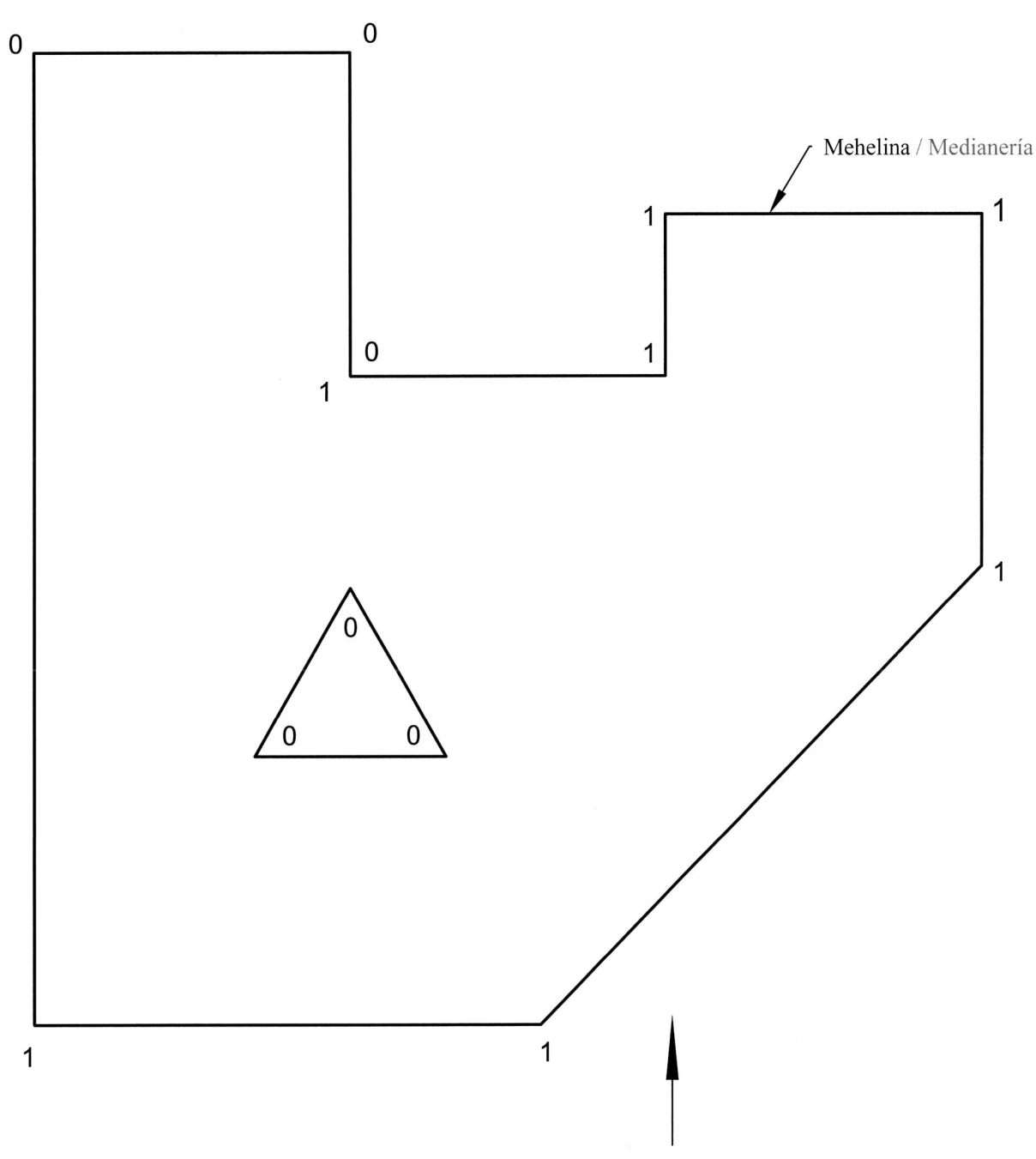

Mehelina / Medianería

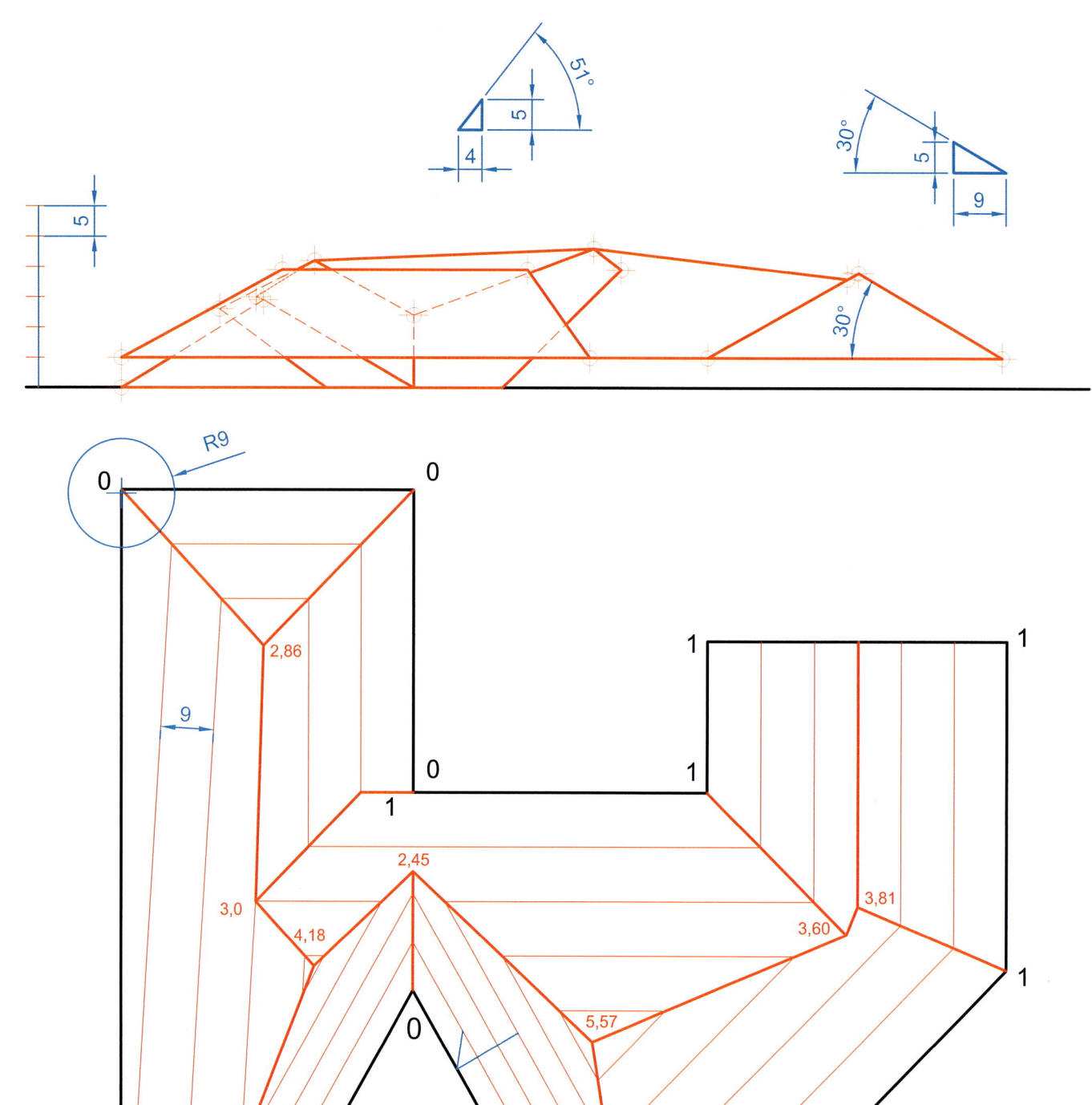

Ebatz ezazu emandako oinplanoaren estalkia. Marraztu ezazu adierazitako aurreko bista. Kanpoko isurialdeen malda %100ekoa da eta urak patiora isurtzen dituzten isurialdeena %200ekoa.

Eskala 1:100

Resolver la cubierta cuya planta se adjunta. Dibujar el alzado que se indica. Las pendientes de los faldones exteriores son del 100% y las de los que vierten aguas al patio son del 200%.

Escala 1:100

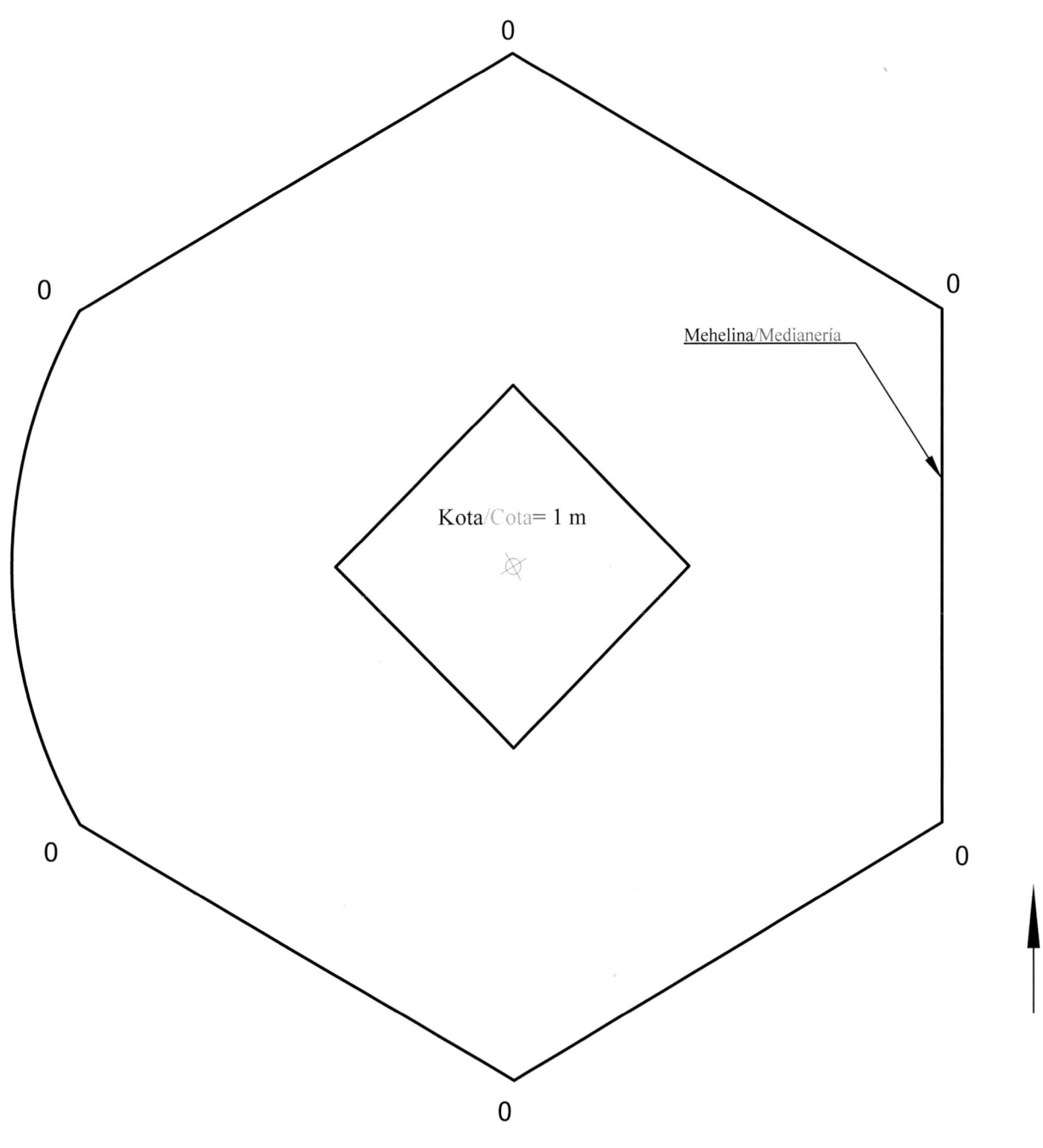

Tpat/Mpat: $\frac{100}{200}$ x $\frac{1}{100}$ x 1000=5 mm   Tkanp/Mext: $\frac{100}{100}$ x $\frac{1}{100}$ x 1000= 10 mm

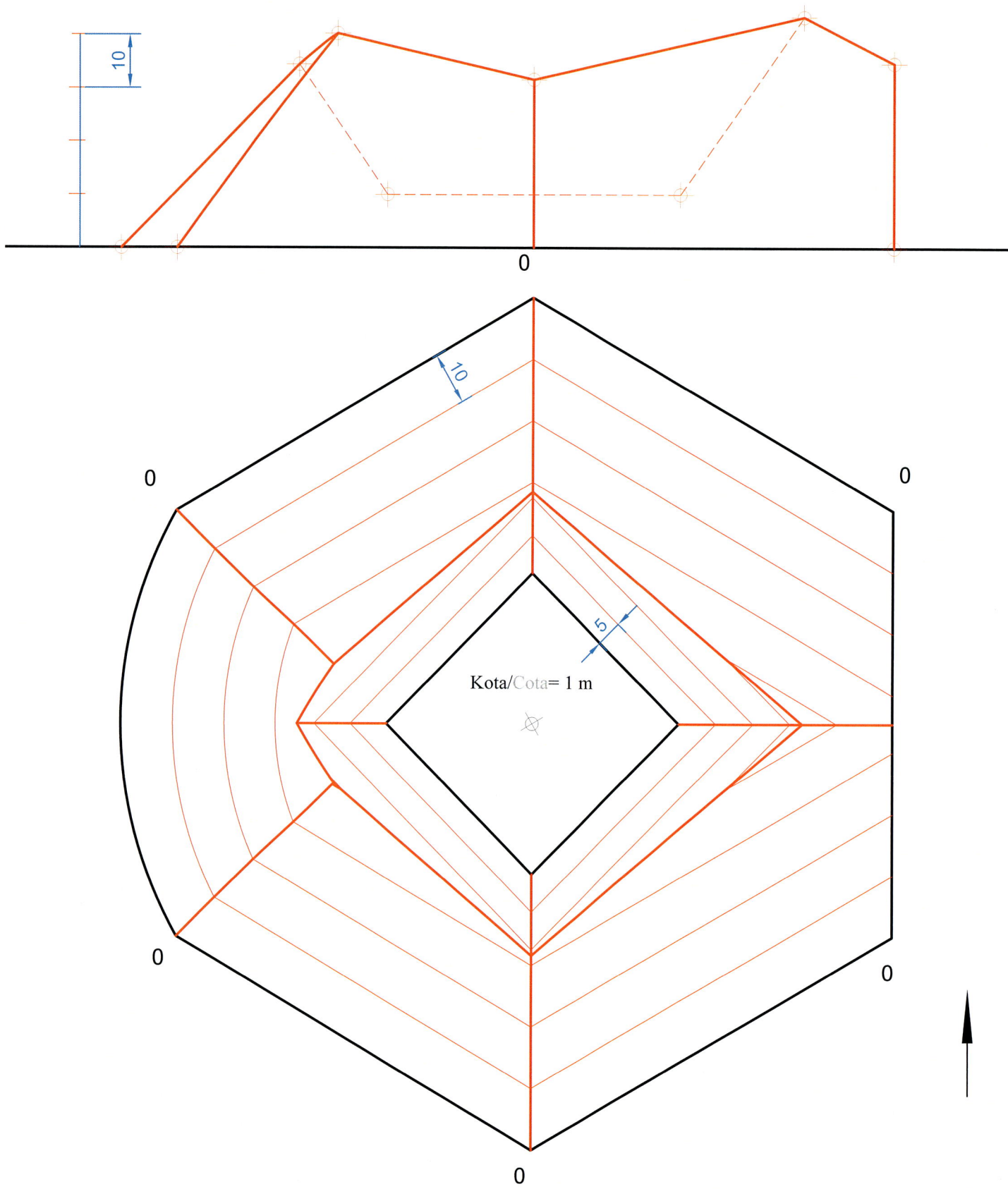

Kota/Cota= 1 m

Ebatz ezazu emandako estalkia, kanpoko isurialdeen malda 2/3 eta patiokoena 1 dela jakinda. Marraztu ezazu estalkiaren aurreko bista.

Eskala 1:200

Resolver la cubierta dada, sabiendo que la pendiente de los faldones exteriores es 2/3 y las del patio son de 1. Dibujar el alzado de la cubierta.

Escala 1:200

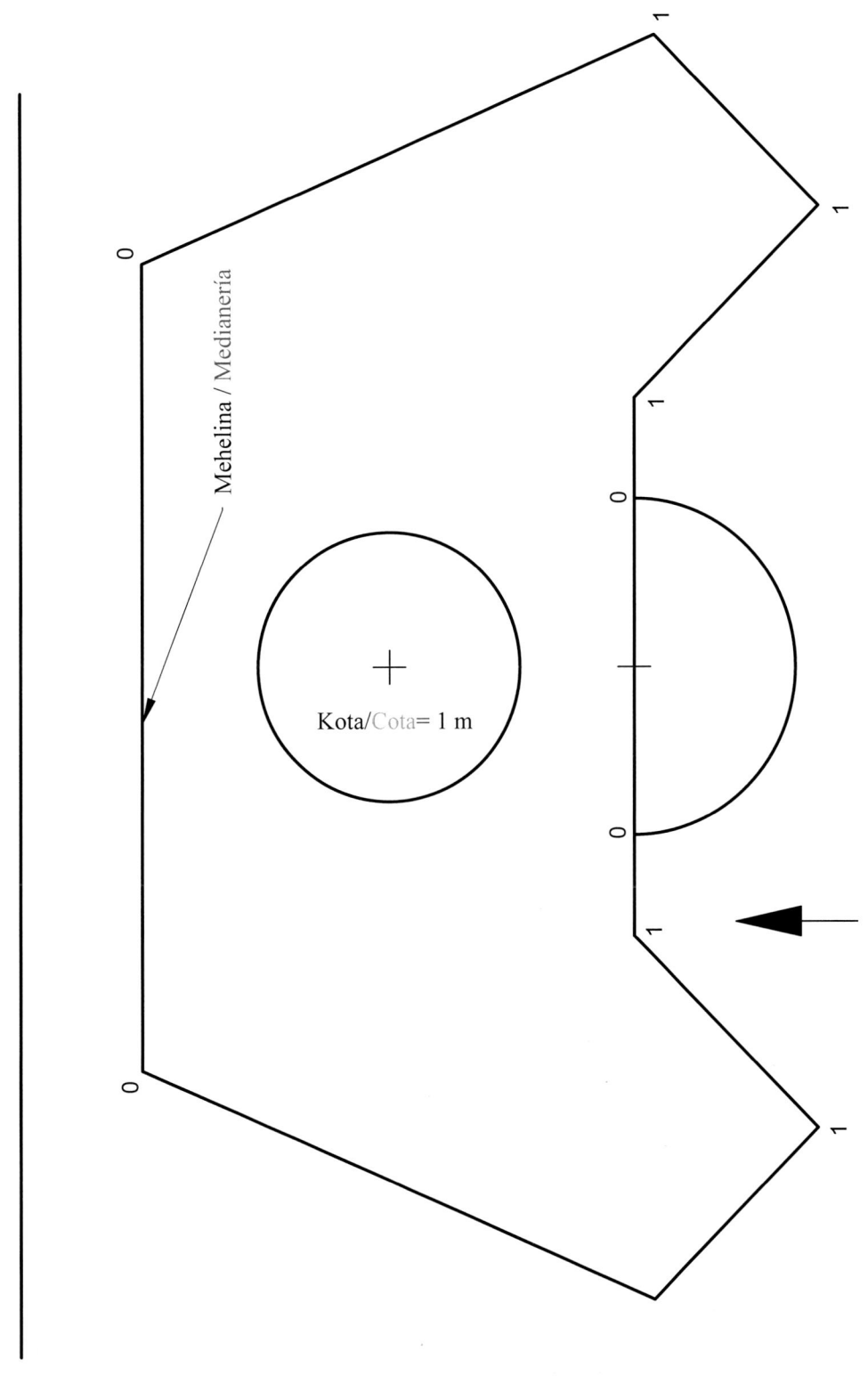

Kanpoko isurialdeen tartea= 8 mm
Barruko isurialdeen tartea= 5 mm
Módulo de los faldones exteriores= 8 mm
Módulo de los faldones interiores= 5 mm

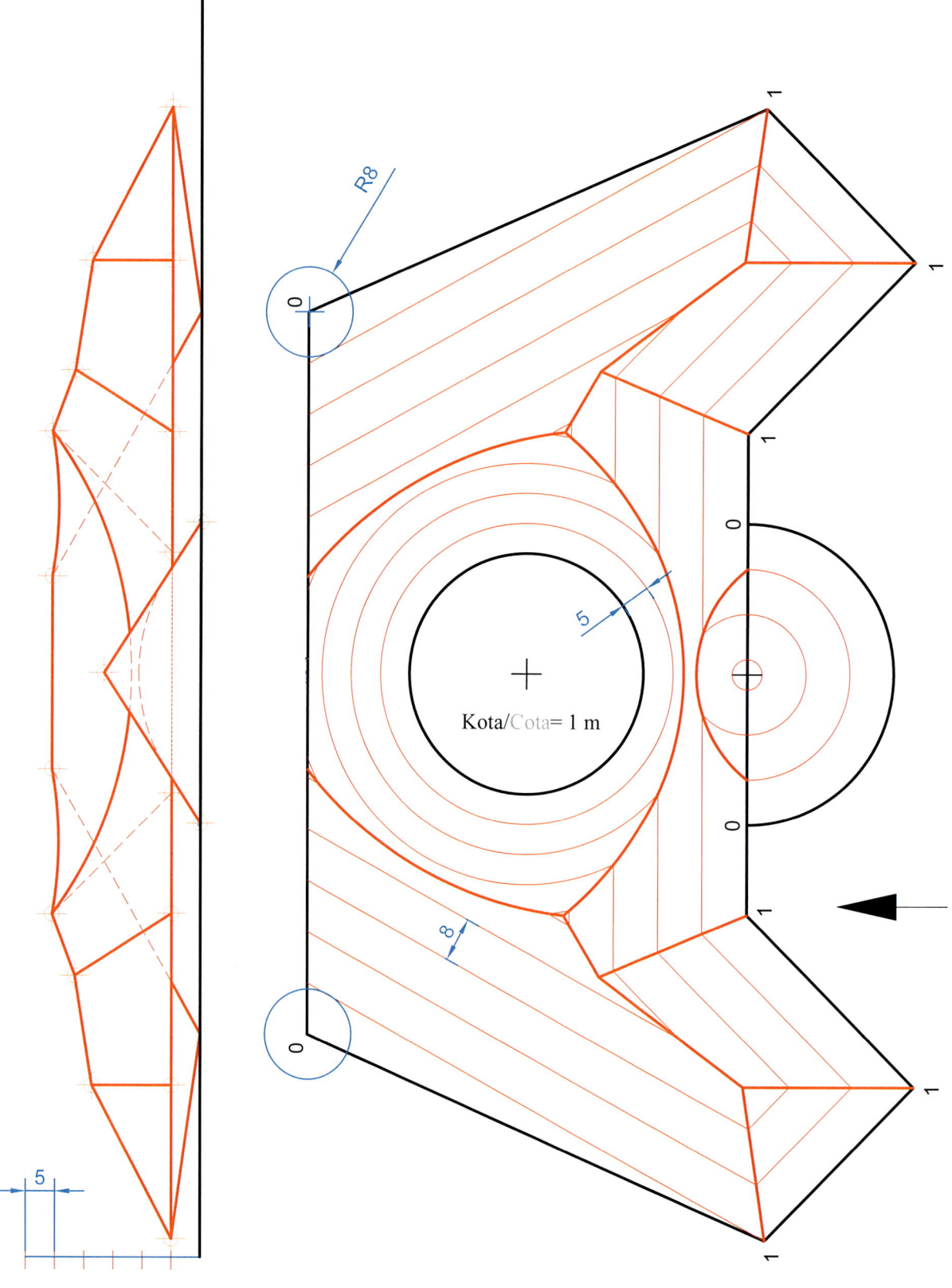

Kota/Cota= 1 m

R8

Ondoko planoan, bi ur-biltegi eraikitzeko beharrezkoak diren bi lur-berdinketa horizontal agertzen dira (bien kotak planoan agertzen dira). Lur-erauzketako ezpondek 1/2 izan behar dute; lubetetakoek, 1/3.

1. Marraztu lur-berdinketak egiteko beharrezkoak diren lur-erauzketa eta lubetak.

AB zuzena bi plataformak lotuko dituen hodi baten proiekzioa da, lur-berdinketen ezpondak eraiki ondoren.

2. Zehaztu hodia azaleraren gainetik edo azpitik doan obraren ondoren, eta elkargunearen kota, halakorik balego.

Eskala 1:500

En el plano adjunto aparecen dos explanaciones horizontales necesarias para la construcción de dos depósitos de agua (las cotas de ambas aparecen en el plano). Los taludes de desmonte deben ser de 1/2; los de terraplén de 1/3.

1. Dibuja las líneas de desmonte y terraplén resultantes de las explanaciones.

La recta AB es la proyección de una tubería que unirá ambas plataformas una vez construidos los taludes de las explanaciones.

2. Determina si la tubería discurre por encima o por debajo de la superficie después de la obra y la cota del punto de intersección, si existe.

Escala 1:500

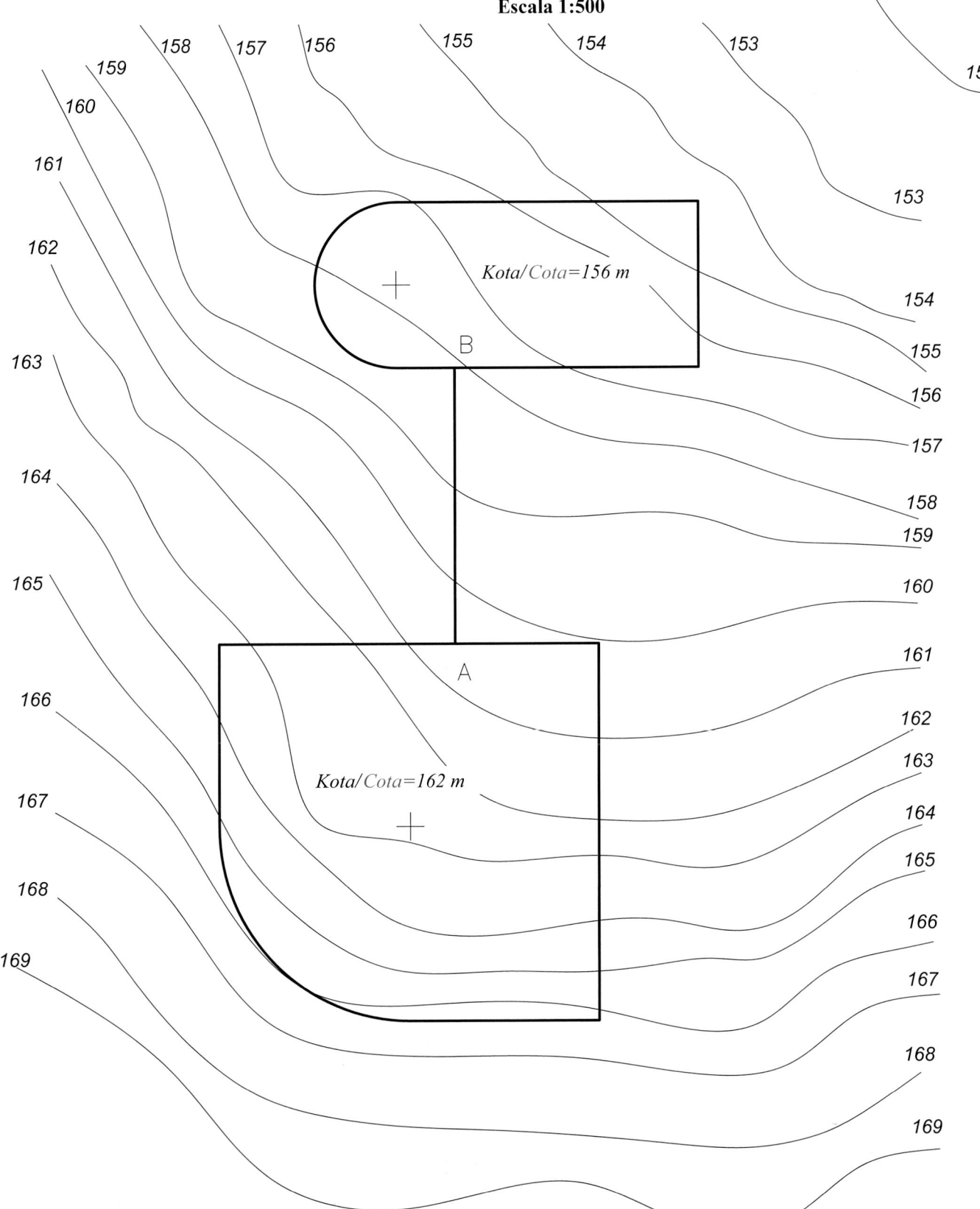

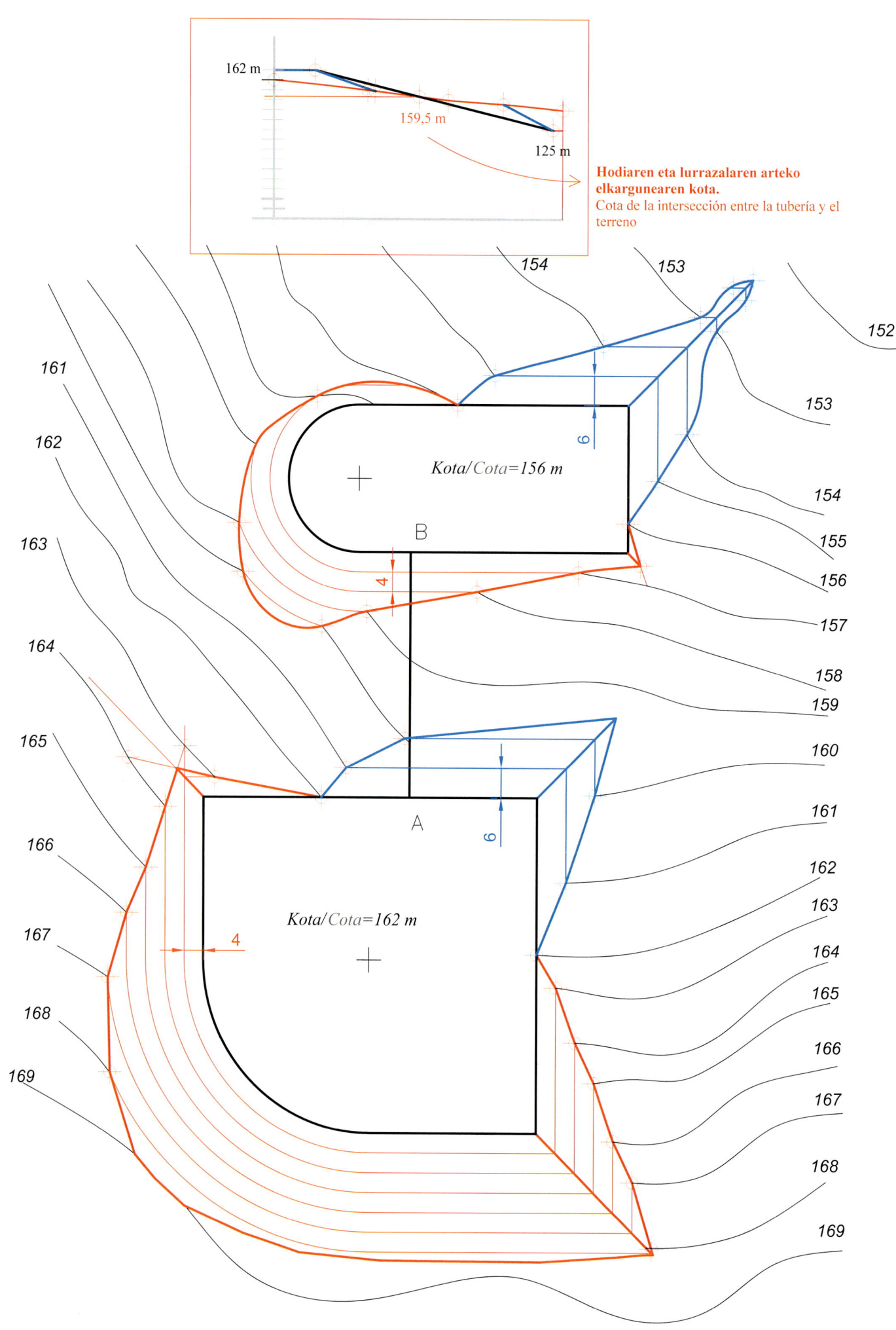

162 m

159,5 m

125 m

Hodiaren eta lurrazalaren arteko elkargunearen kota.
Cota de la intersección entre la tubería y el terreno

154 153

152

161

162

153

163

154

155

164

156

165

157

166

158

159

167

160

168

161

169

162

163

Kota/Cota=156 m

B

Kota/Cota=162 m

A

4

6

4

6

164

165

166

167

168

169

Ondoko planoan bi ur-biltegi eraikitzeko beharrezkoak diren bi lur-berdinketa horizontal adierazten dira (bien kotak planoan agertzen dira). Lur-erauzketa ezpondak 1/2-koak izan behar dira; lubetena 1/3.

1. Lur-berdinketak eraikitzean sortutako lur-erauzketa eta lubeten muga-lerroak marraztu.

AB zuzenak obra egin eta gero bi lur-berdinketak lotuko dituen tutu baten proiekzioa adierazten du.

2. Tutu horren 163 metroko kotadun puntutik, beste tutu bat eraiki, beheranzko %10-eko maldaduna eta TS kolektorearekin konektatuko duena. Zehaztu ezazu kolektorearekin izango duen konexio puntuaren kota.

Eskala 1:500

En el plano adjunto aparecen dos explanaciones horizontales necesarias para la construcción de dos depósitos de agua (las cotas de ambas aparecen en el plano). Los taludes de desmonte deben ser de 1/2; los de terraplén de 1/3.

1. Dibuja las líneas de desmonte y terraplén resultantes de las explanaciones.

La recta AB es la proyección de una tubería que unirá ambas plataformas una vez construidos los taludes de las explanaciones.

2. Desde el punto de cota 163 metros de esta tubería, trazar otra que conecte con el colector TS y tenga una pendiente descendente del 10%. Determinar la cota del punto de entronque con el colector.

Escala 1:500

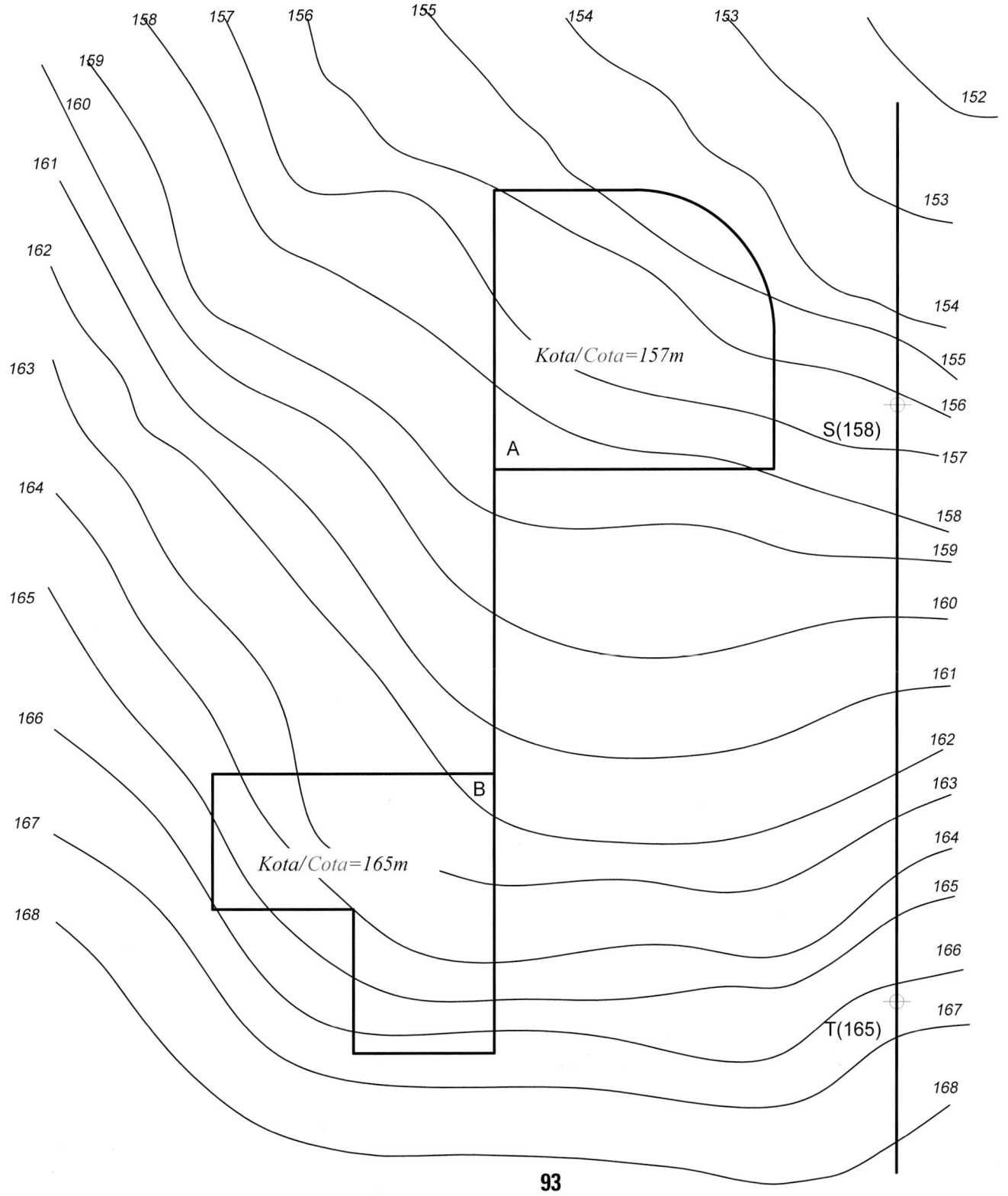

Konoaren erradioa kalkulatzeko (malda %10).
Para calcular el radio del cono (pendiente 10%).

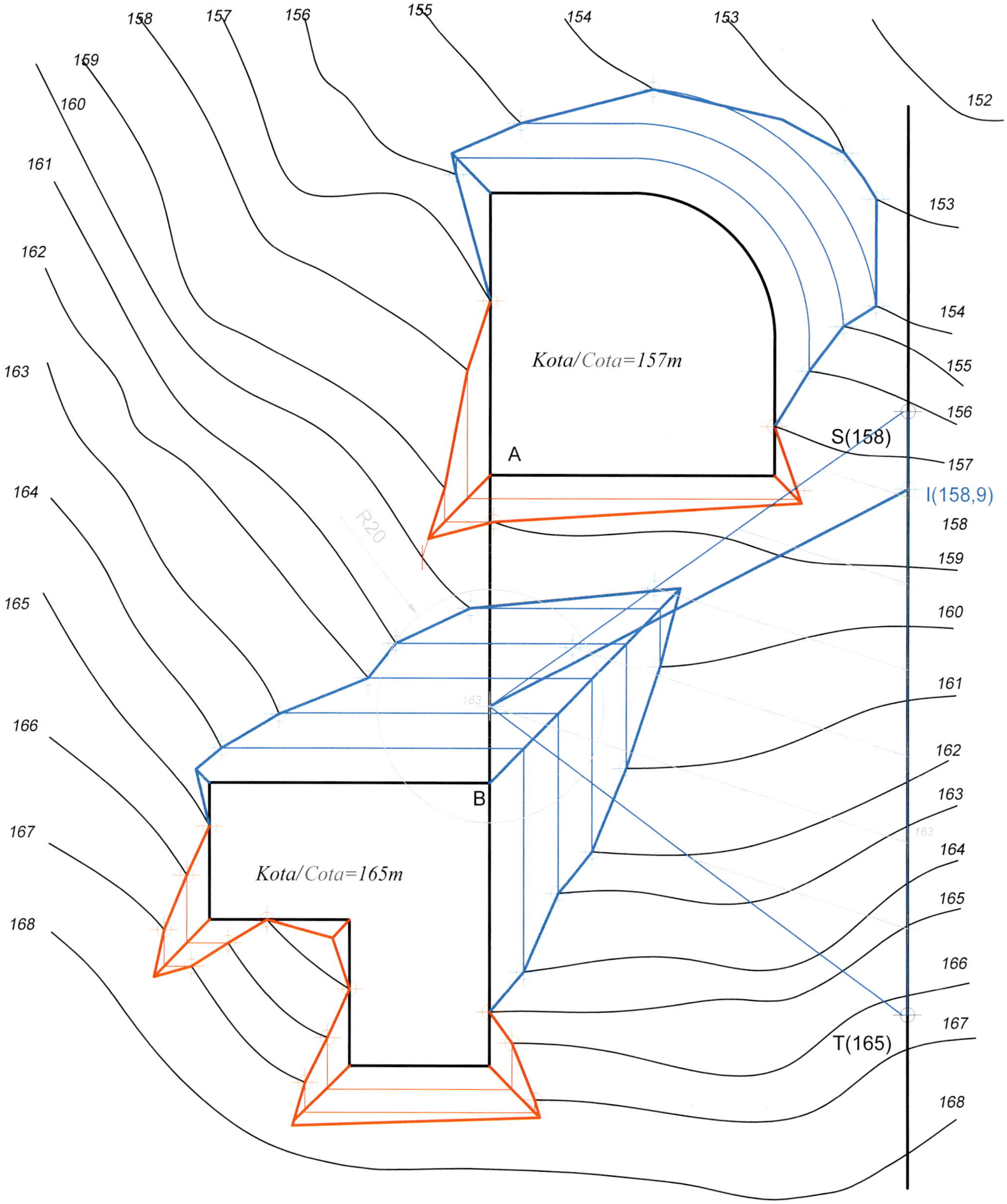

8 m
10%
20

158 157 156 155 154 153
159
160 152
161 153
162 154
163 155
156
Kota/Cota=157m S(158)
157
A I(158,9)
158
164 159
165 160
161
166 162
163
B 164
167 165
Kota/Cota=165m
168 166
167
T(165)
168

Ondoko planoan familia bakarreko etxebizitzak eraikitzeko hiru kokapen posible daude (A, B eta C), adierazitako kotekin. Horietako bakoitzaren lur-berdinketa horizontalaren bideragarritasuna (justifikatua) ezagutu nahi da, kontuan hartuta horrek ez diela eragiten lerro etenekin eta ardatz-lerroekin ageri diren eraikuntzei eta kanalizazioei. Lur-erauzketen malda 2/5ekoa da, eta lubetena, berriz, % 40koa. Marraztu adierazitako profila (AA) (EB: 1:50)

Eskala 1:500

En el plano adjunto se presentan tres posibles ubicaciones para la construcción de viviendas unifamiliares (A, B y C), con las cotas que se indican. Se desea conocer la viabilidad (justificada) de la horizontal de cada una de las explanaciones horizontales, teniendo en cuenta que las mismas no afecten a las construcciones y canalizaciones que se muestran con líneas de trazos y ejes. La pendiente de los desmontes es de 2/5 y la de los terraplenes del 40%. Dibujar el perfil (AA) señalado (EV: 1:50).

Escala 1:500

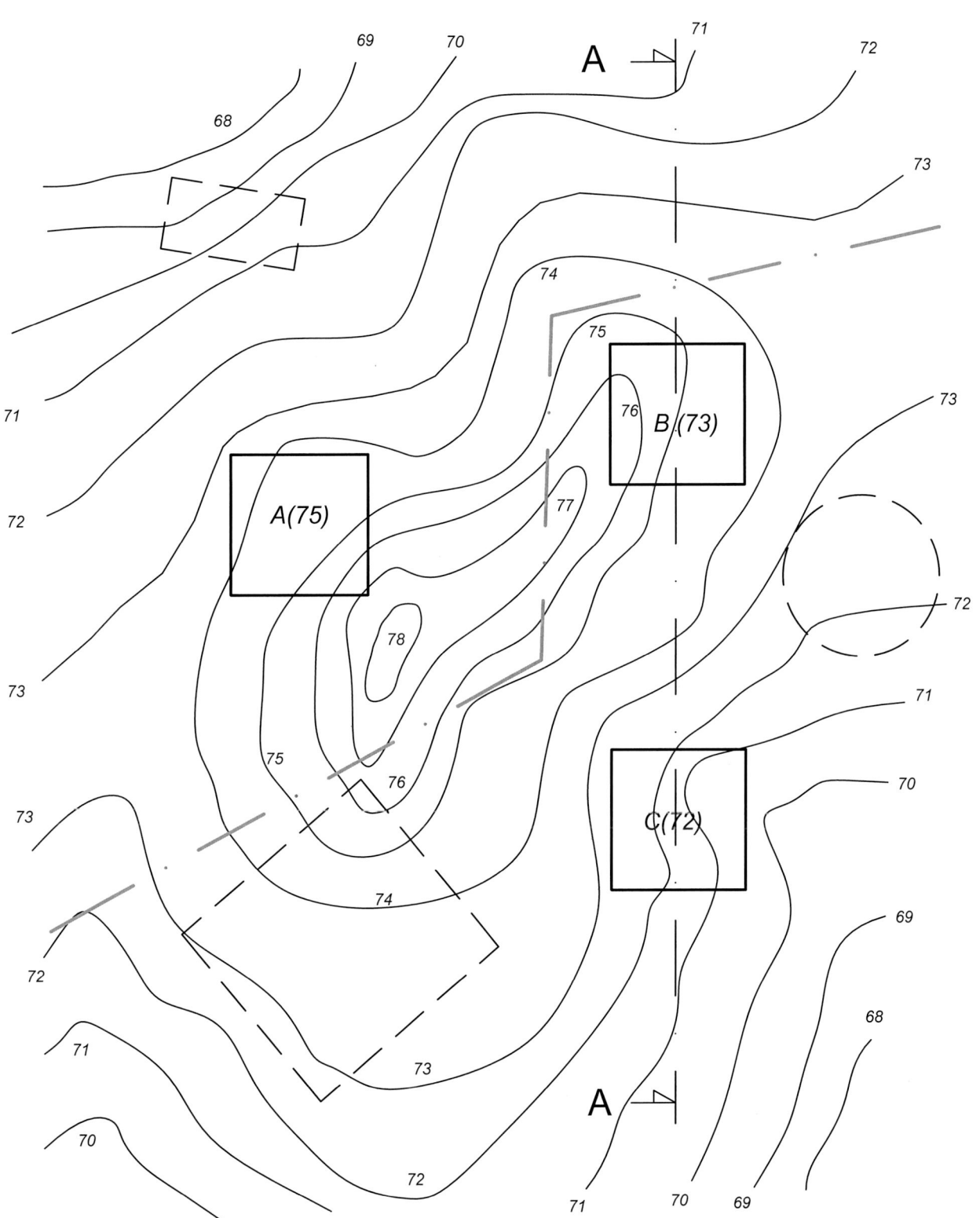

95

EMAITZA (justifikazio grafikoa):
Bideragarria da A kokapena? Bai
Bideragarria da B kokapena? Ez, kanalizazioak ukitzen ditu.
Bideragarria da C kokapena? Ez, kanalizazioak ukitzen ditu.

SOLUCIÓN (Justificación gráfica):
¿Es viable la ubicación A? Sí.
¿Es viable la ubicación B? No, toca a las canalizaciones
¿Es viable la ubicación C? No, toca a las canalizaciones

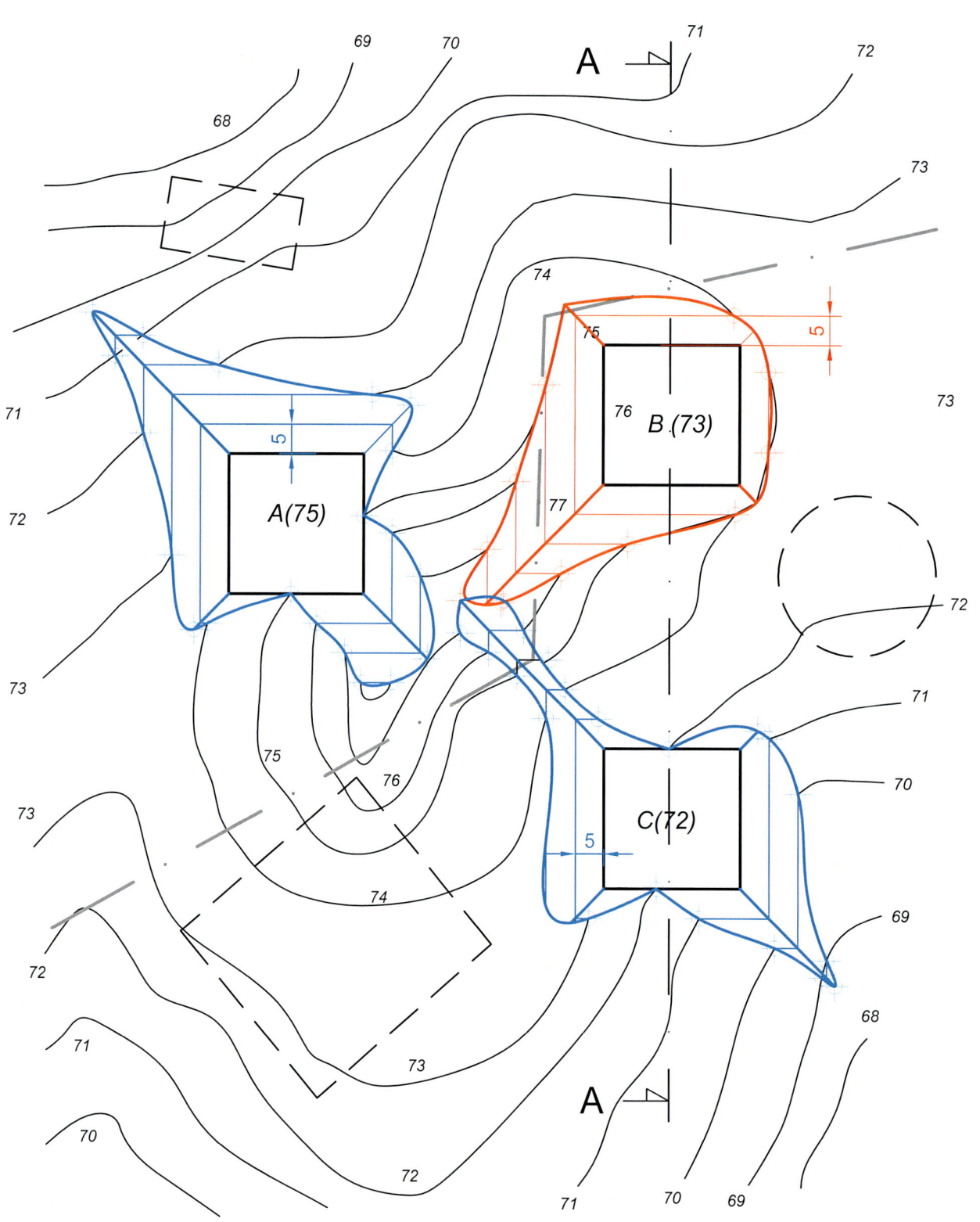

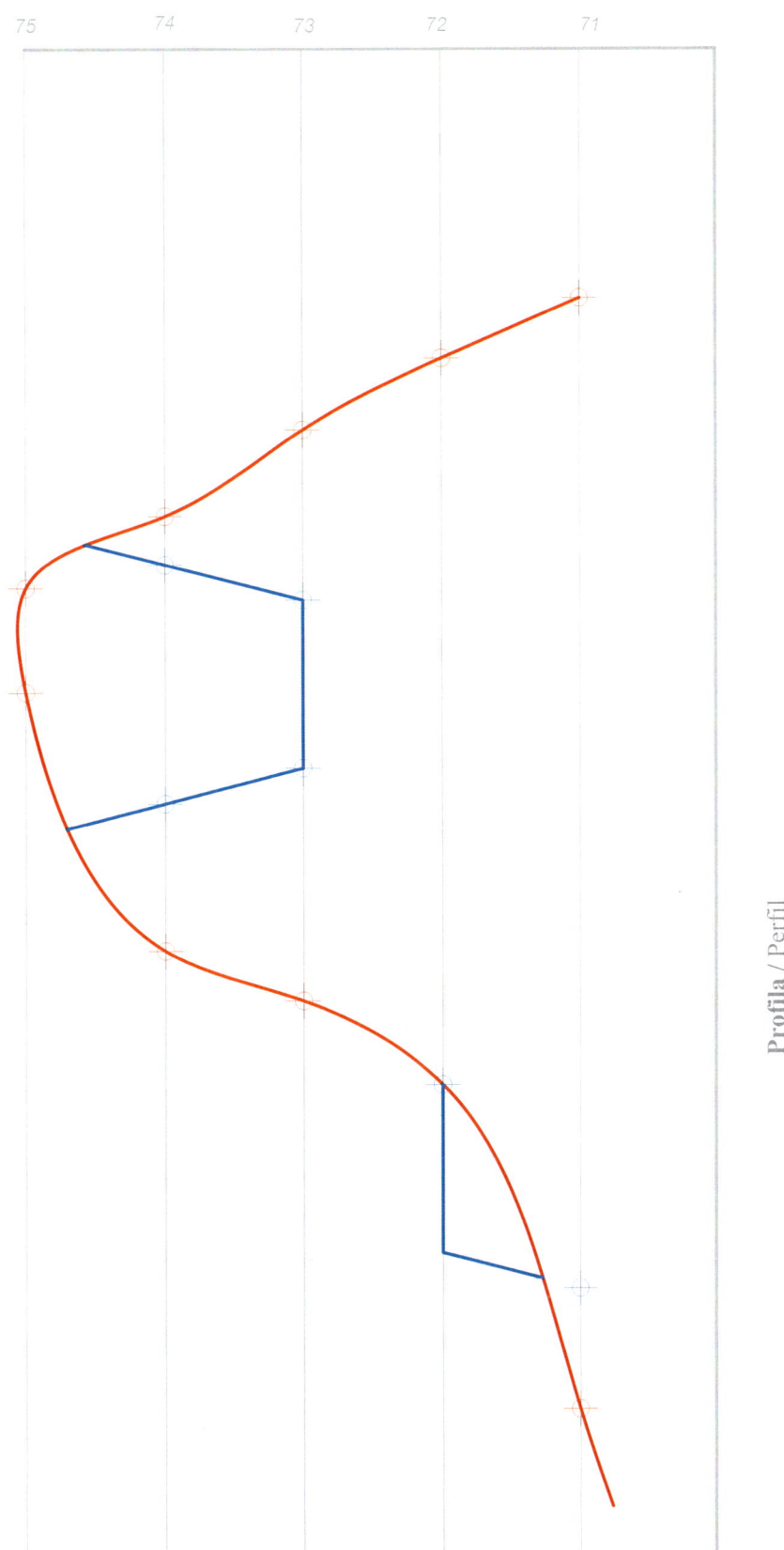

Profila / Perfil

A (900), B (900) C (800) eta D (700) puntuak lau ur-biltegi dira. A, B eta D biltegiak C-n dagoen beste biltegi zentral batekin konektatuta daude, hodi zuzenen bidez. Hodiak bermatzeko, planoaren eskalarako zabalera baztergarria duten arrapalak eraiki dira.
1. Marraztu lurraren egoera arrapalak egin ondoren. Lur-erauzketek eta lubetek 5/6-ko malda dute.
2. AC, BC eta DC hodien malda eta luzera kalkulatu.

Eskala 1:10.000

Los puntos A(900), B(900) C(800) y D(700) son cuatro depósitos de agua. Los depósitos A, B y D están conectados con otro depósito central situado en C mediante tuberías rectas. Para el apoyo de las tuberías se construyen rampas de ancho despreciable a la escala del plano.
1. Dibujar el estado del terreno tras la construcción de las rampas. Los desmontes y terraplenes tienen una pendiente de 5/6.
2. Calcular la pendiente y longitud de las tuberías AC, BC y DC.

Escala 1:10.000

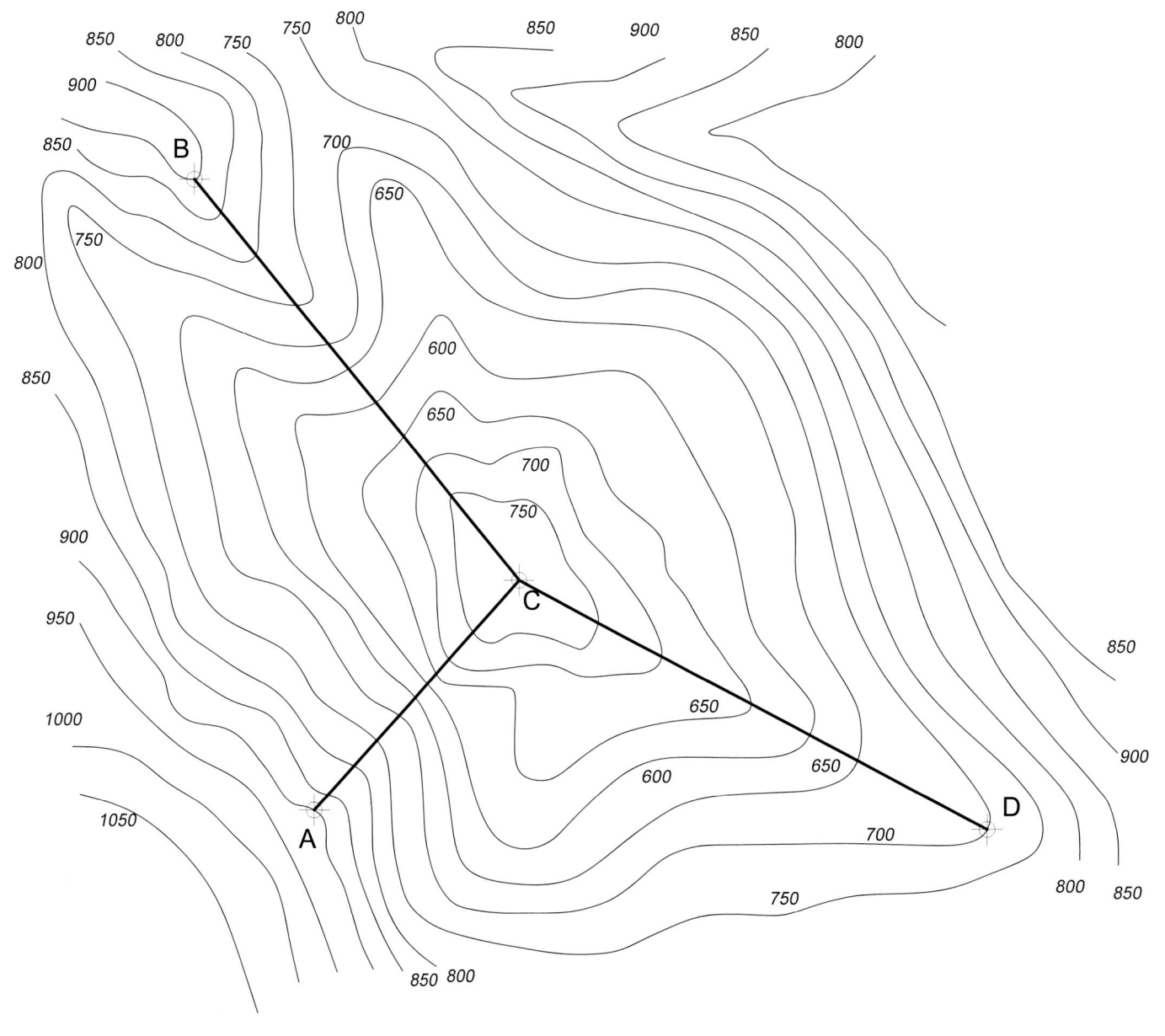

83
7°
12,2%
B

50
11°
20,3%
A

86
7°
11,8%
D

B
A
C
D
R6
R6
R6
600
650
700
750
800
850
900
950
1000
1050

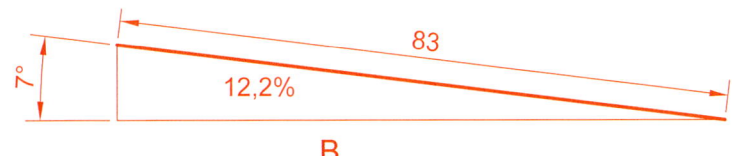

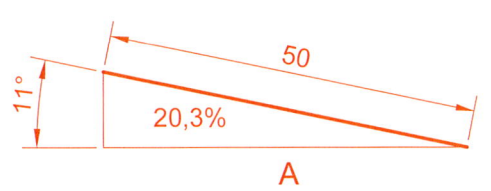

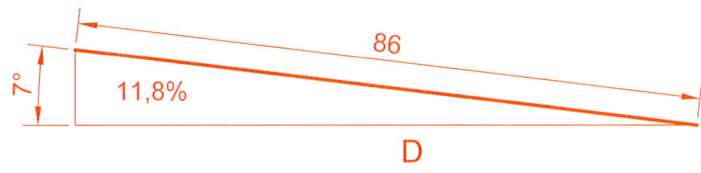

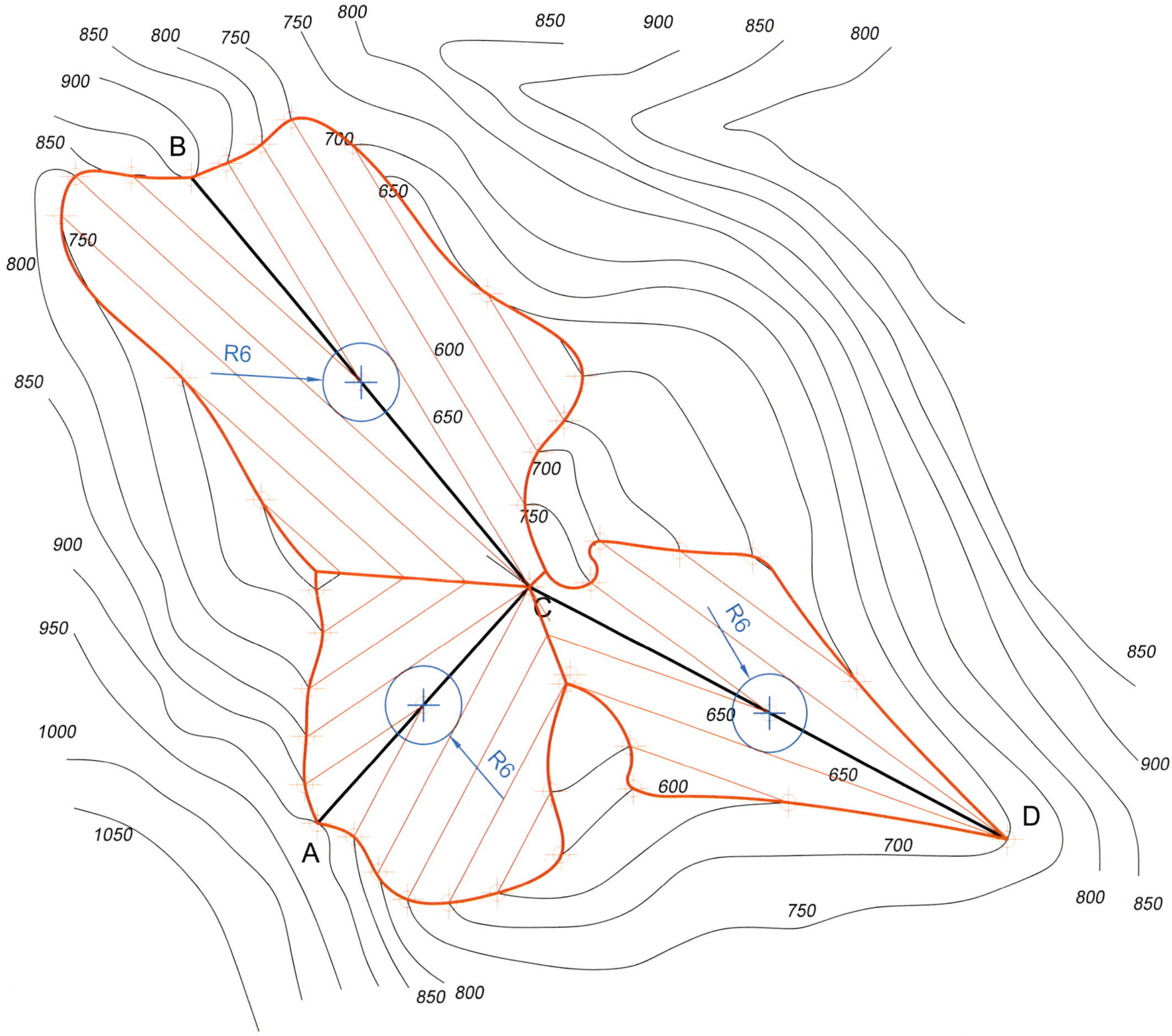

ABCDEF poligonoa lursail batean egindako hustuketa baten perimetroa da, barrurantz egindako ezponden bidez, beheranzko noranzkoan. Malda hauek ditu: AB, CD eta EF aldeek 1/2 malda dute, eta gainerako aldeek 1/3. Zehaztu S1, S2, S3 eta abar puntuak eremu poligonalaren barruan euri-ura biltzeko hustubideak kokatzeko eta kalkulatu horien kota.

Kota baxueneko hustubidetik 1/4-ko malda duen hodi bat eraikiko da, MN kolektorearekin konektatzeko. Kalkulatu hodi laburrenaren proiekzioa eta luzera.

Oharra: S1, S2, S3 eta abar hustuketaren erpinak dira.

Eskala 1:200

El polígono ABCDEF es el perímetro de un vaciado realizado en un terreno mediante taludes hacia el interior en sentido descendente con las pendientes siguientes: AB, CD y EF de 1/2 y la del resto de los lados de 1/3. Determinar los puntos S1, S2, S3, etc. donde es preciso situar los sumideros para la recogida de agua de lluvia en el interior del área poligonal y sus cotas. Desde el sumidero de cota más bajo se construirá una tubería de pendiente 1/4 que conecte con el colector MN. Calcular la proyección de la tubería más corta y su longitud.

Nota: S1, S2, S3, etc. son los vértices del vaciado.

Escala 1:200

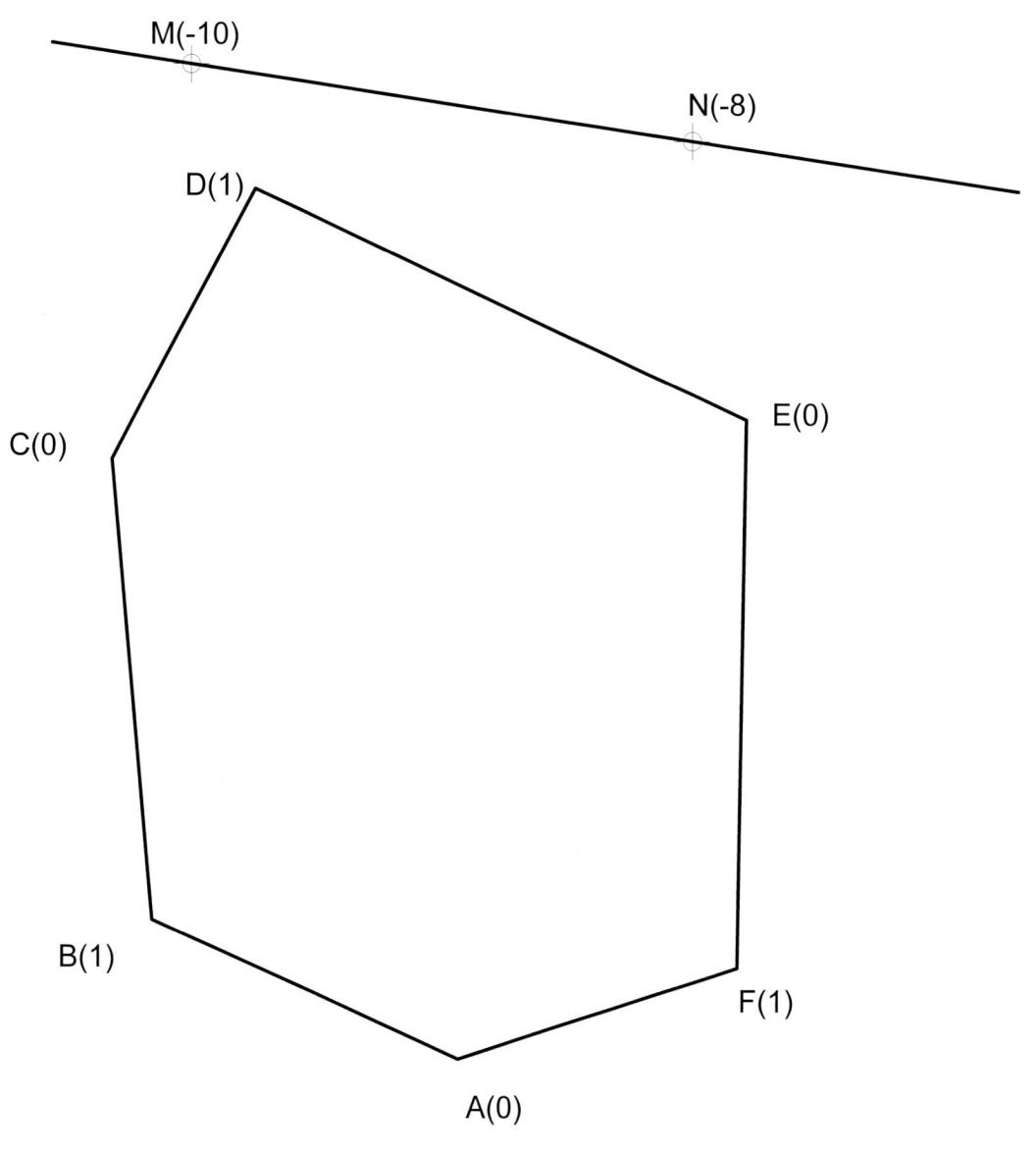

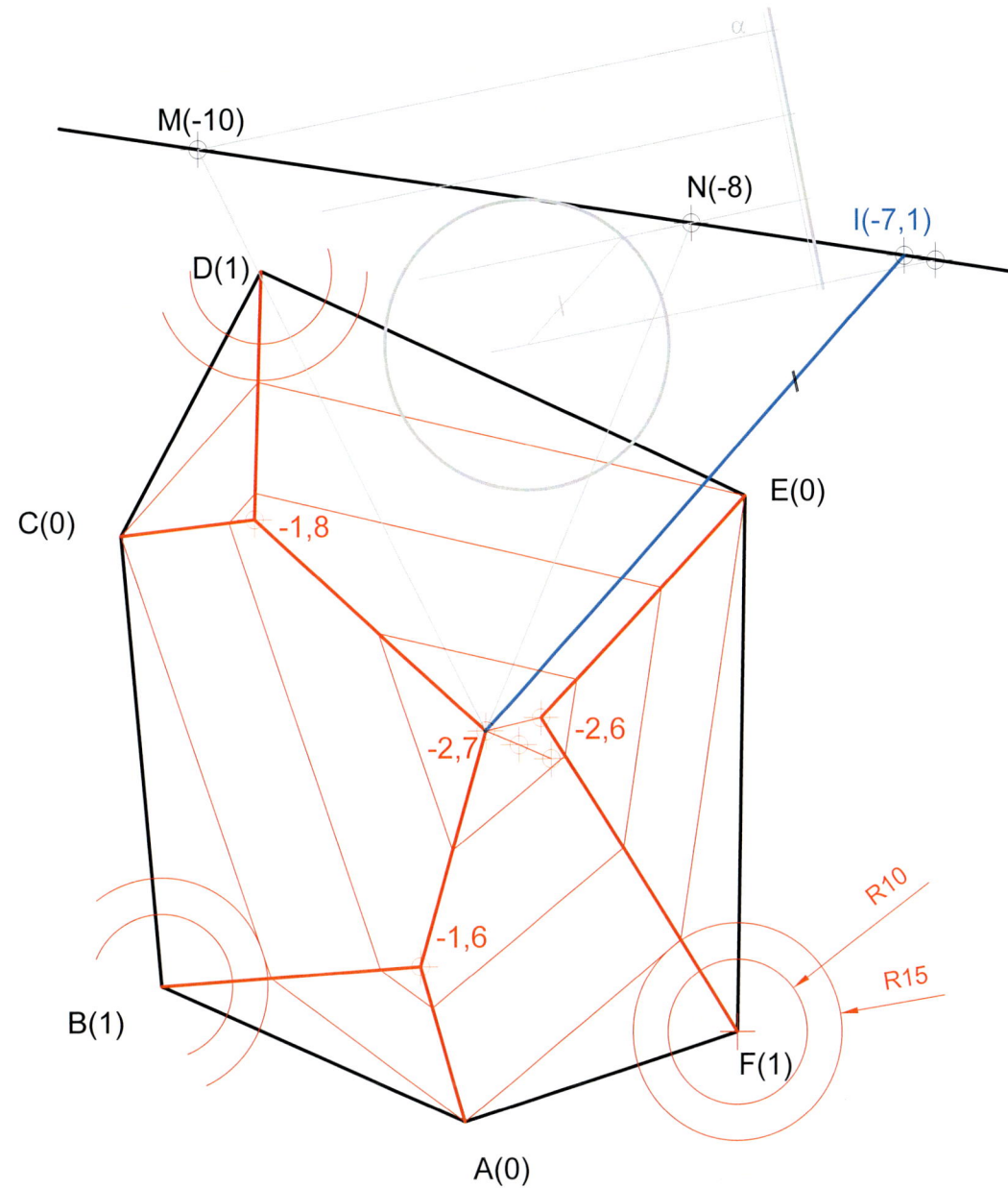

Ondoko mapa topografikoaren bidez adierazten den lurrazalean, 10 metroko zabalera duen errepide bat eraiki nahi da. Errepidea A puntutik abiatzen da, 160 metroko kota duena, eta %10eko goranzko maldarekin abiatzen da. Lur-erauzketa ezponden malda 60°-koa izan behar da eta lubetena 45°-koa.

1. Marraztu errepidea eraikitzeko beharrezkoak diren lur-mugimenduak.
2. Marraztu errepidea eraiki eta gero adierazita dagoen zeharkako profila. Erabili behar den eskala bertikala 1:2000 izango da.

Eskala 1:1000

En la zona representada por el mapa topográfico adjunto se proyecta la construcción de una carretera de 10 metros de ancho. La carretera parte del punto A, de cota 160 metros, y discurre con una pendiente ascendente del 10%. Los taludes de desmonte deberán tener una pendiente de 60° y los de terraplén de 45°.

1. Dibujar el movimiento de tierras necesario para la constråucción de la carretera.
2. Dibujar el perfil transversal indicado una vez construida la carretera con una escala vertical de 1:2000

Escala 1:1000

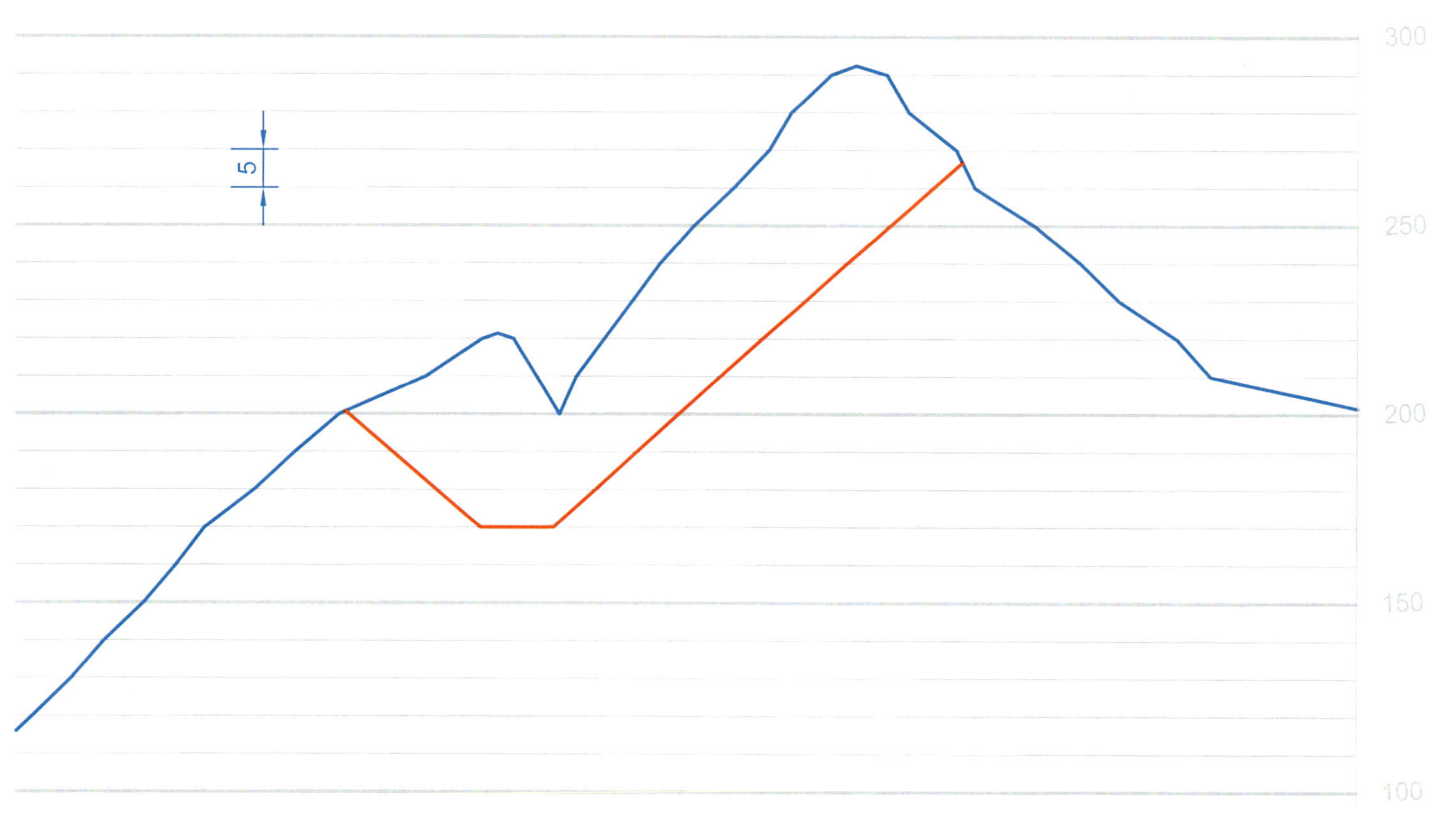

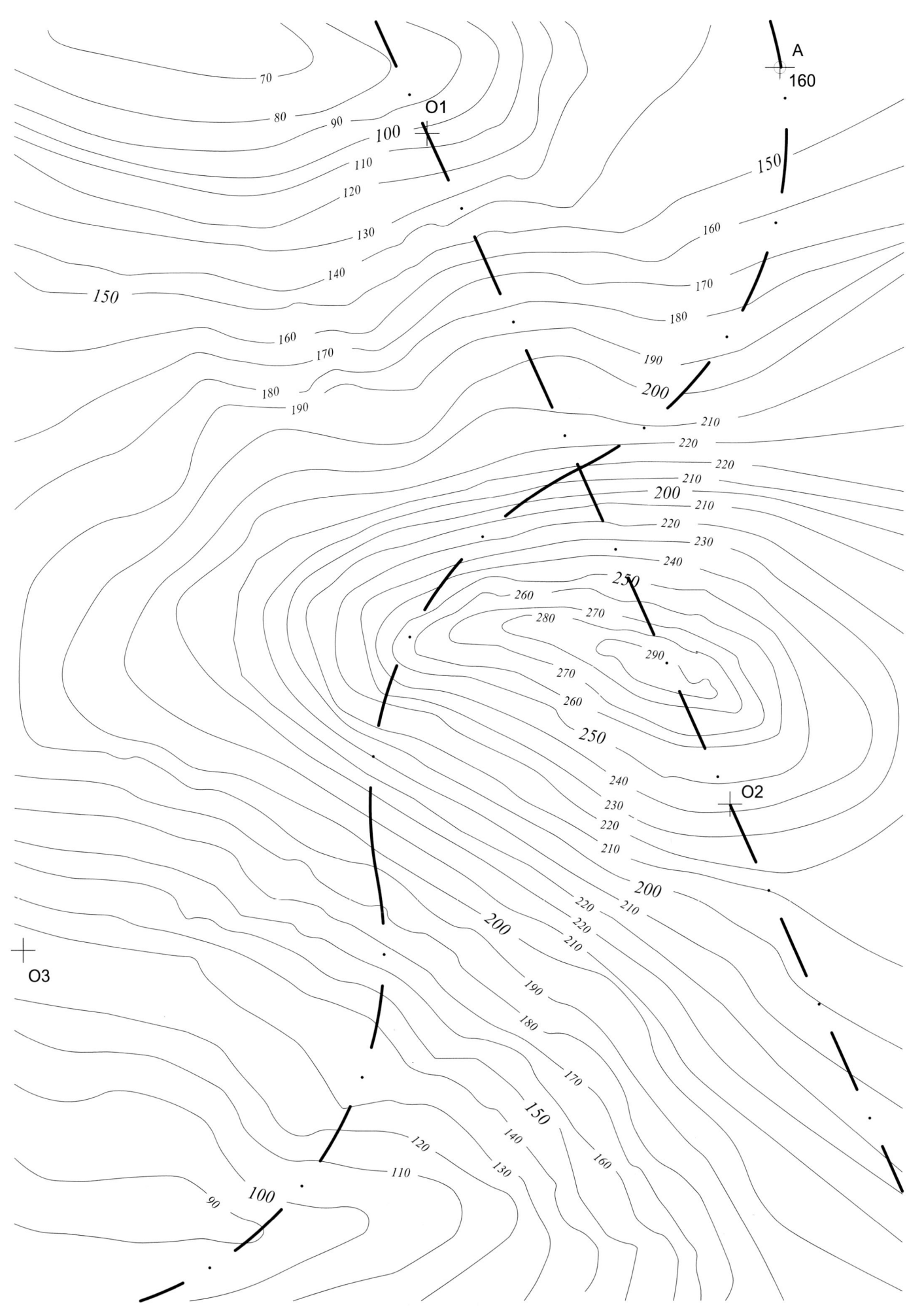

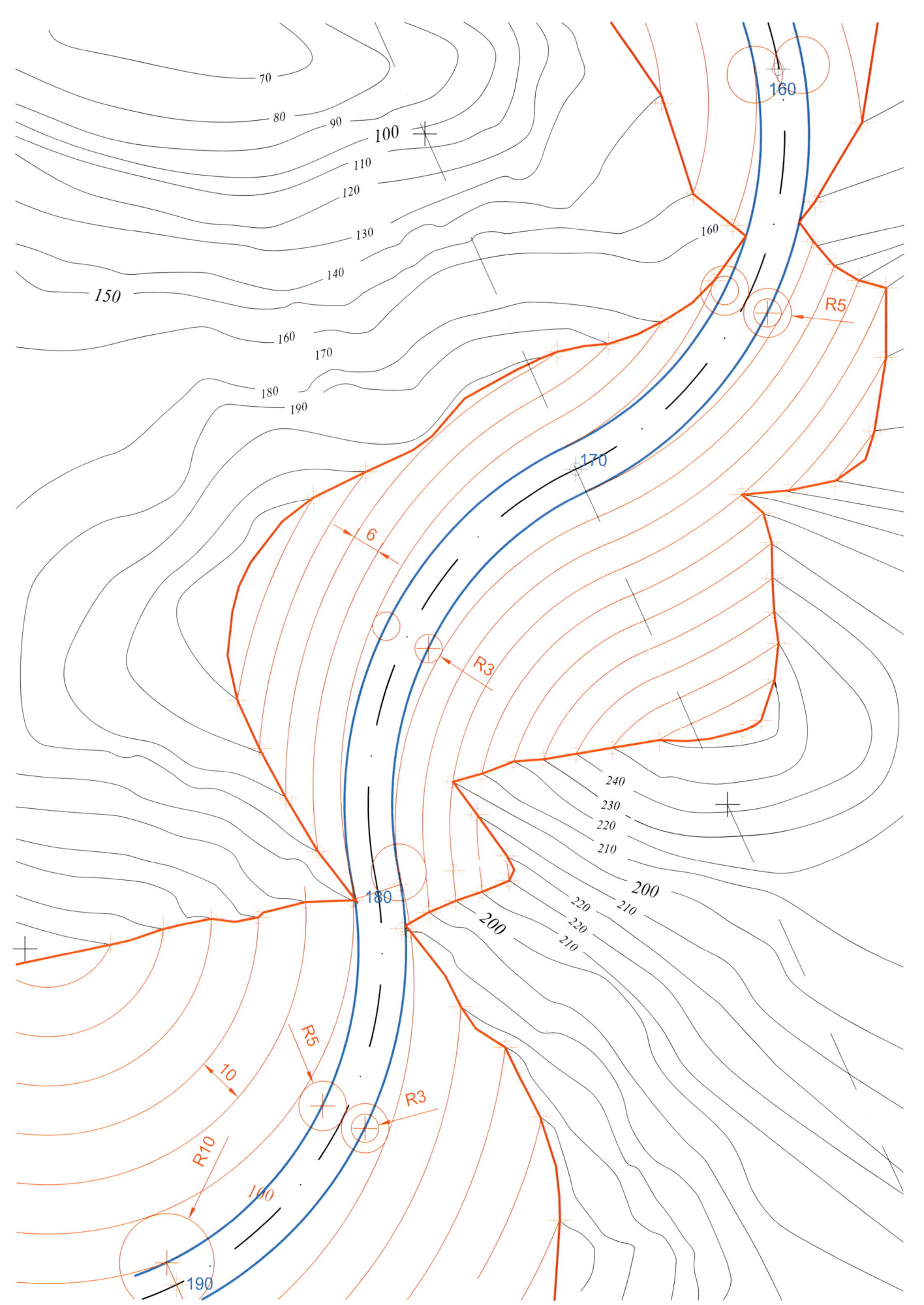

Honako plano honek lursail bat adierazten du, eta bide baten ardatzaren proiekzioa, 4,8 metroko zabalerakoa, mendi batera heltzeko. "A" puntua bidearen ardatzeko puntu bat da, 58 m-ko kotakoa. Bidea hegoalderantz jaisten da, % 5eko malda konstantearekin. Lur-erauzketek 1/3-ko malda dute, eta lubetek, berriz, 1/2-koa. Zehaztu bidea egiteko beharrezkoak diren lur-erauzketa eta lubeta gainazalek lurrazalerekin izango dituzten elkarguneak. Marraztu, halaber, bidearen luzetarako profila (zati zuzena alde batetik eta kurbatua bestetik). Marraztu profilak orri honetan.

Eskala 1:400

El plano adjunto representa un terreno y la proyección del eje de un camino, de 4,8 metros de ancho, para el acceso a un monte. El punto "A" es un punto del eje del camino de cota 58 m. El camino desciende al sur con una pendiente constante del 5%. La pendiente de los desmontes es de 1/3 y las de los tarraplenes de 1/2. Determinar las intersecciones del terreno con las superficies de desmontes y terraplenes necesarias para la obra del camino. Trazar el perfil longitudinal del camino (el tramo recto por una parte y el curvo por otra). Dibujar los perfiles en esta hoja.

Escala 1:400

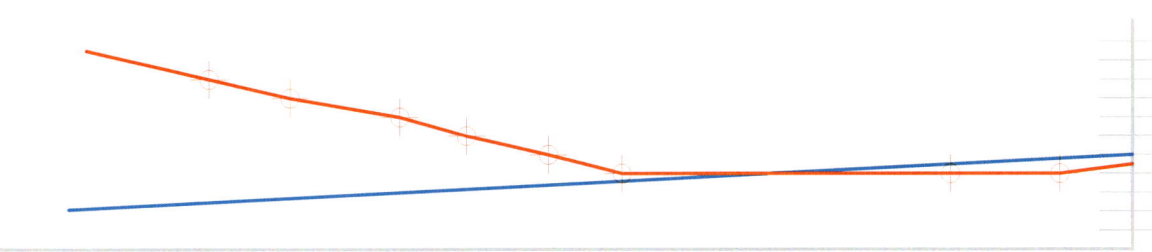

Zati kurboaren profila /Perfil del tramo curvo

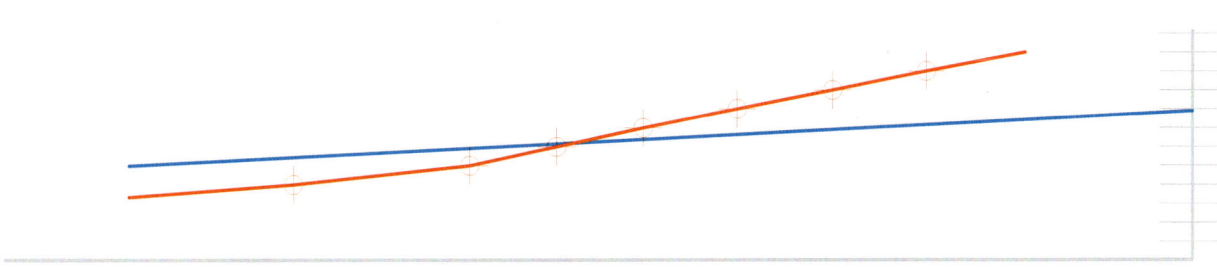

Zati zuzenaren profila / Perfil del tramo recto

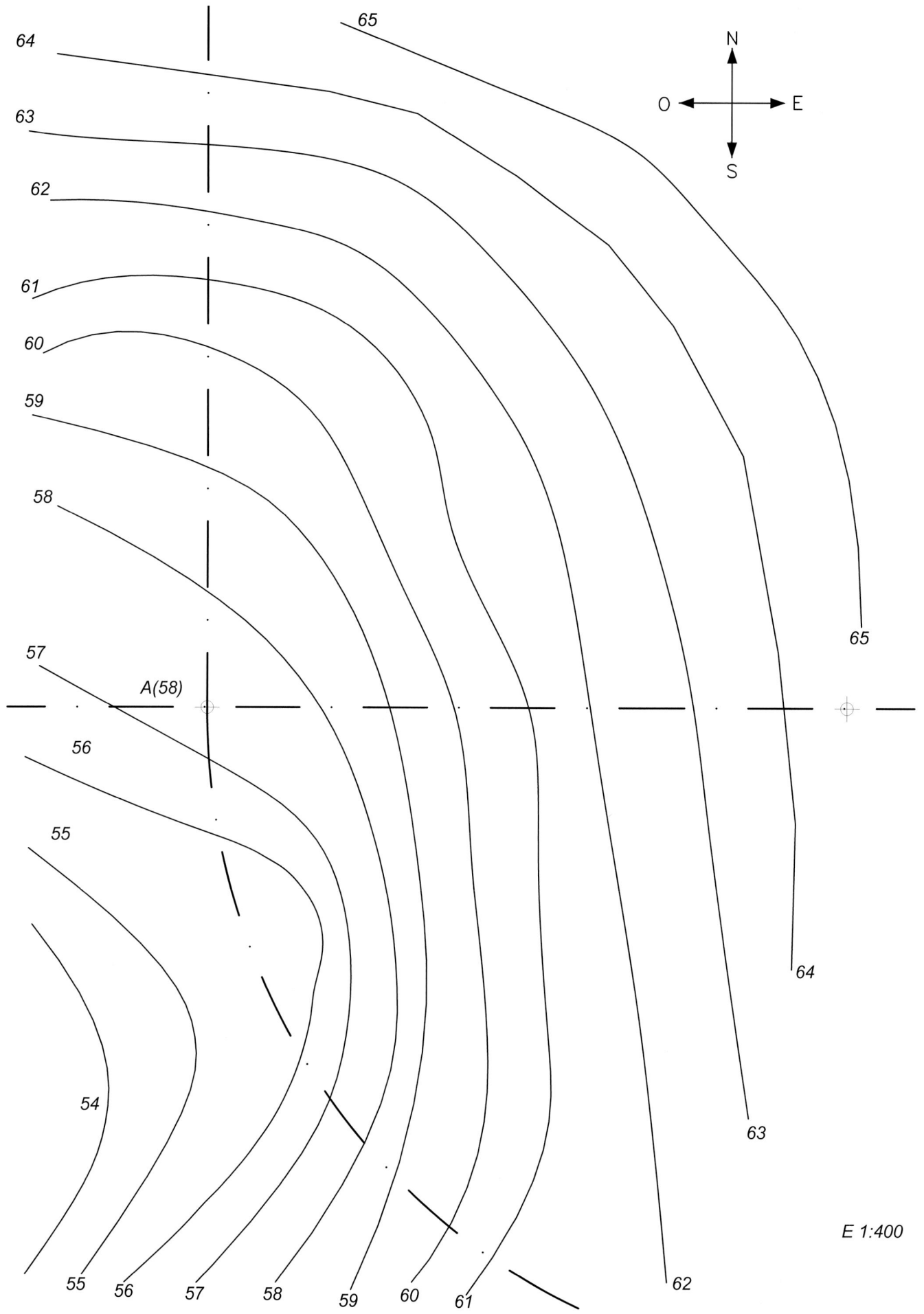

E 1:400

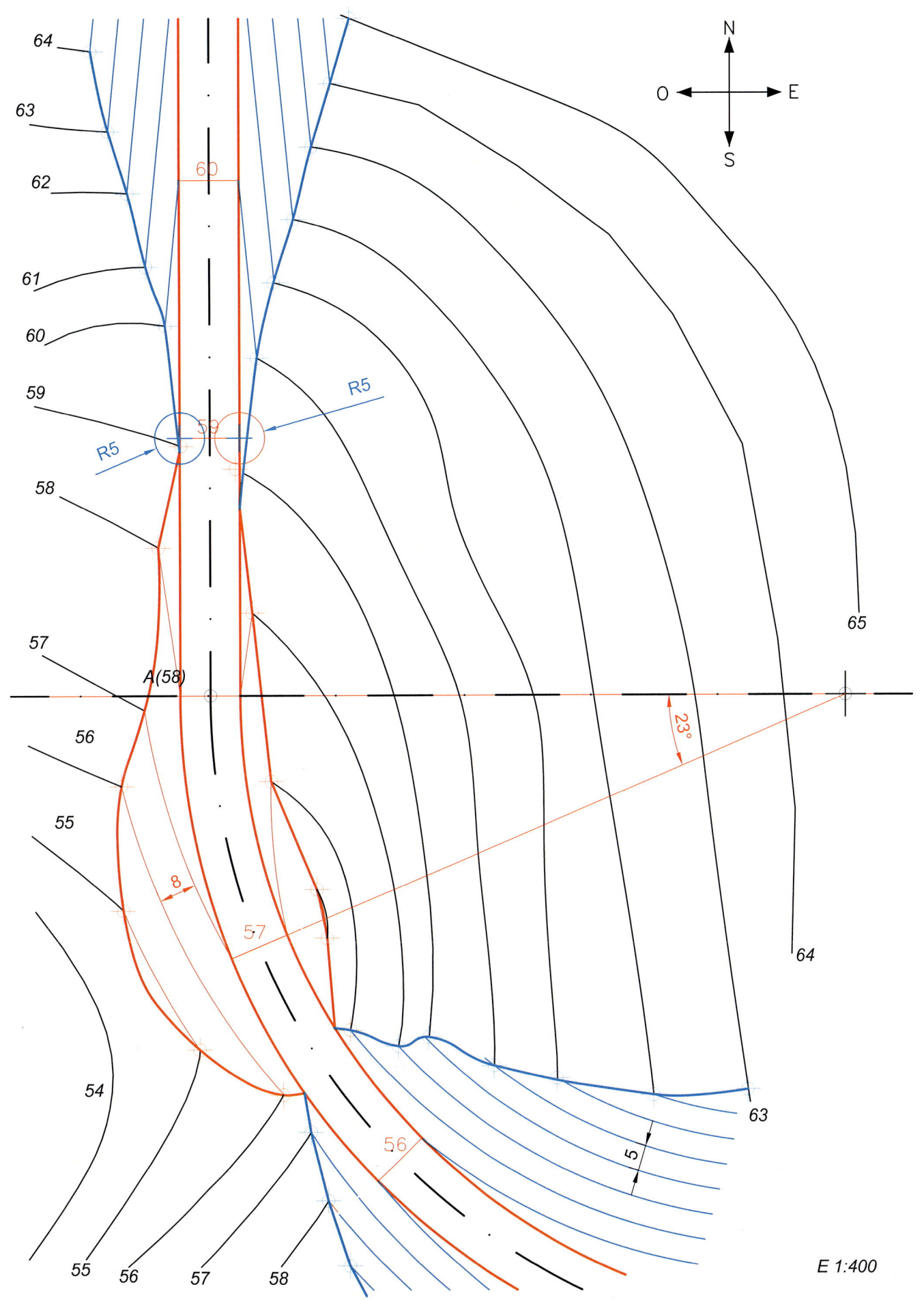

E 1:400

A eta B plataformetara bi arrapala bidez heltzen da (C eta D). Marraztu horiek eraikitzeko behar diren lur-erauzketak eta lubetak. Lur-erauzketaren malda 3-koa da, eta lubetarena, berriz, 3/2-koa.

B plataformara igotzeko arrapalak (D) % 25eko malda du.

Eskala 1:2000

A las plataformas A y B se accede por sendas rampas (C y D). Dibujar los desmontes y terraplenes necesarios para su ejecución. La pendiente de desmonte es de 3 y el de terraplén es de 3/2.

La rampa (D) de subida a la plataforma B tiene una pendiente del 25%.

Escala 1:2000

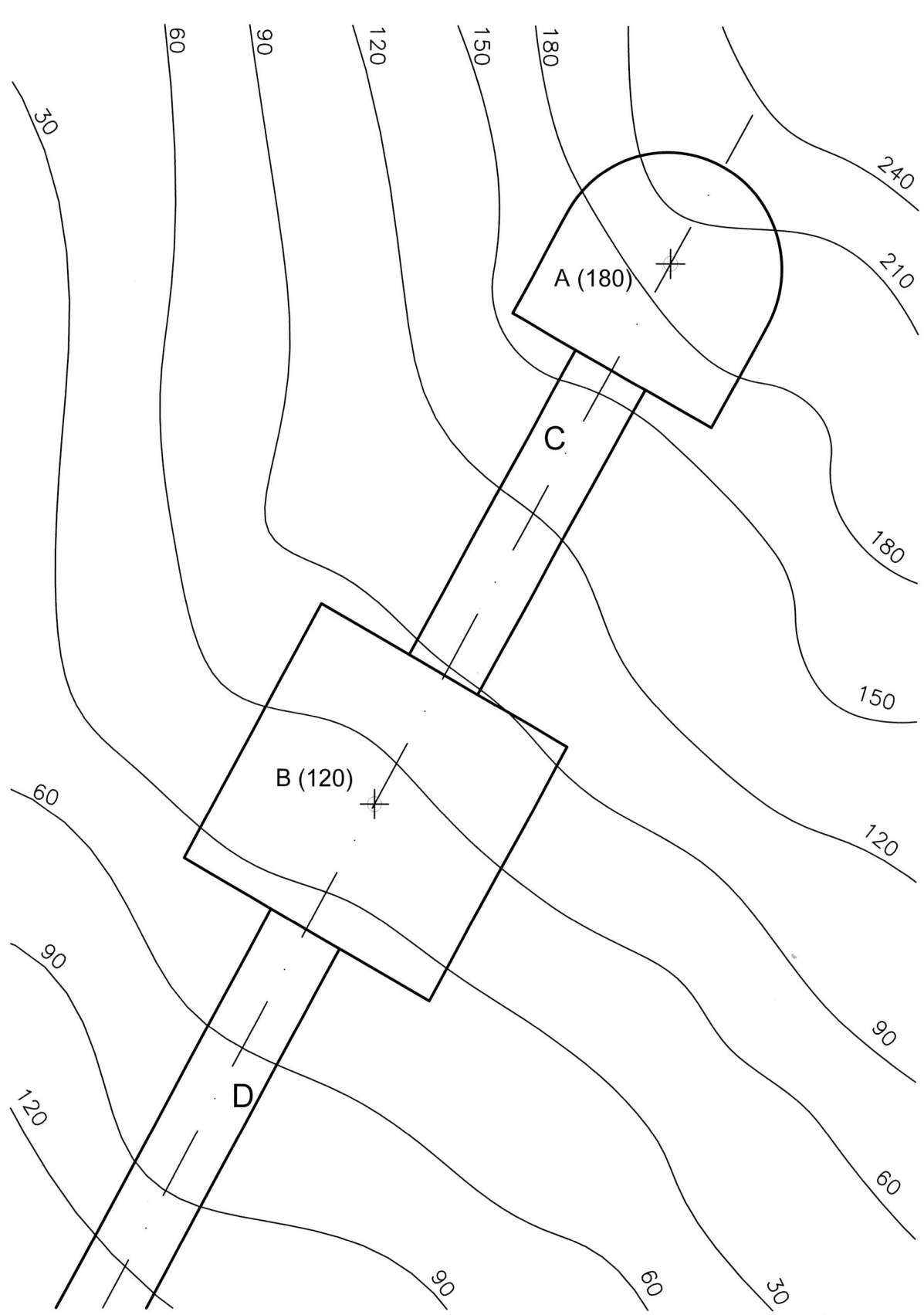

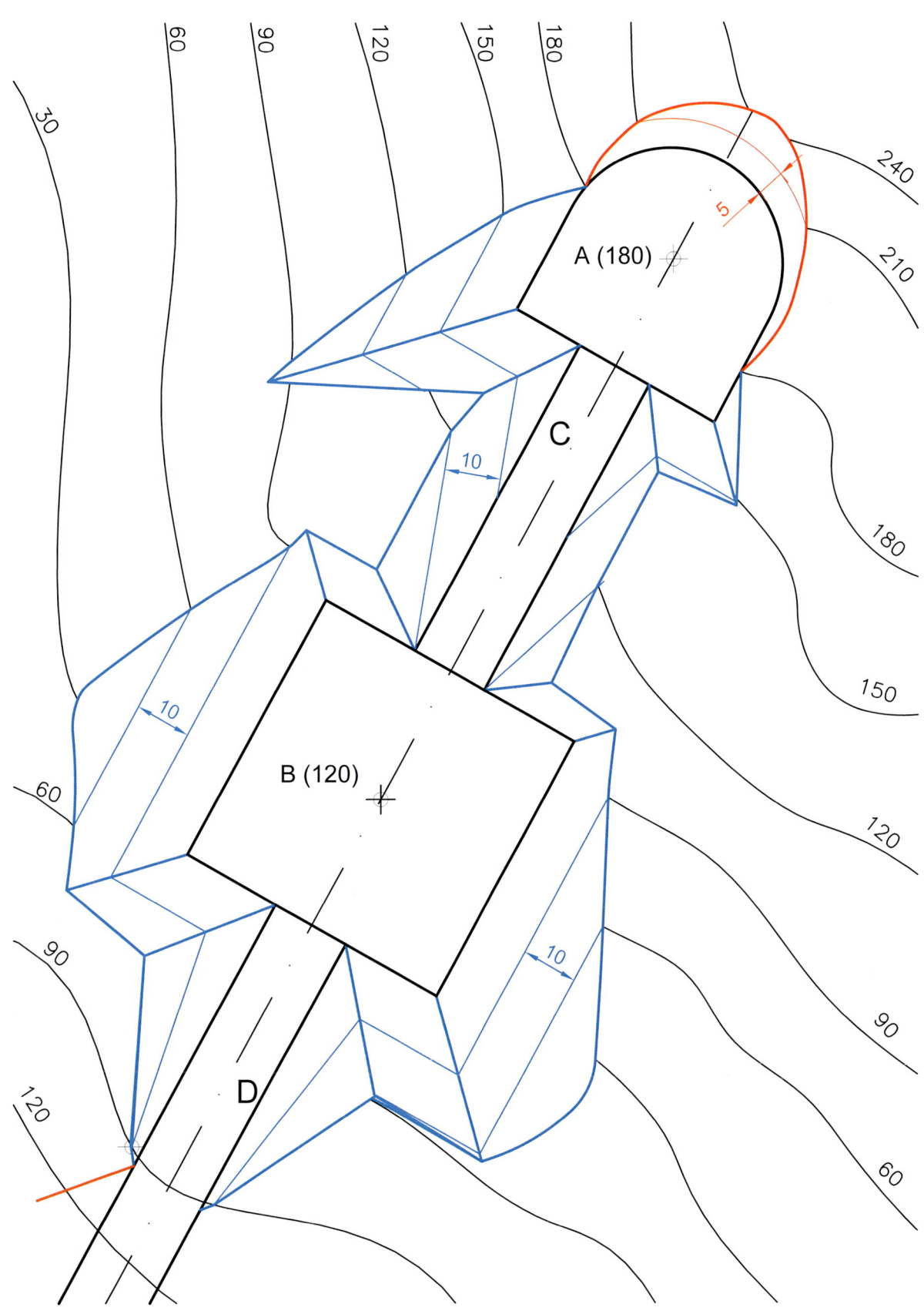

Honako plano honek 620 m-ko (A) kotako lur-berdinketa horizontal baten planta erakusten du. Hara % 10eko malda duen goranzko arrapala (B) batetik heltzen da.

Lur-erauzketaren malda 1/2 dela jakinda, eta lubetarena 1, marraztu itzazu horiek eraikitzeko behar diren lur-mugimenduak.

Eskala 1:2000

El plano adjunto muestra la planta de una explanación horizontal de cota 620 m (A) a la que se accede por una rampa ascendente (B) de 10% de pendiente. Sabiendo que la pendiente de desmonte es de 1/2 y la de terraplén de 1, dibujar el contorno de los movimientos de tierra necesarios para su construcción.

Escala 1:2000

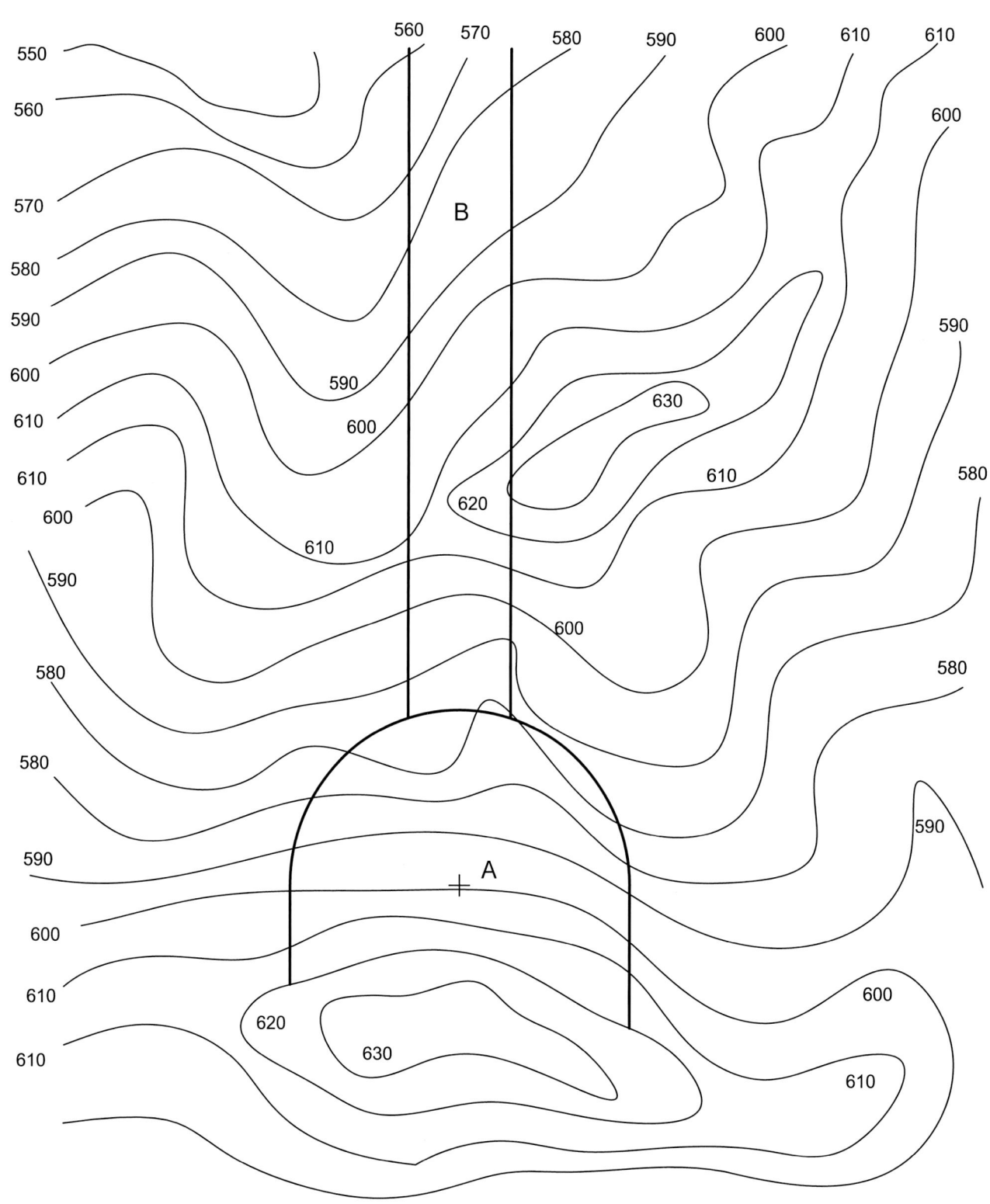

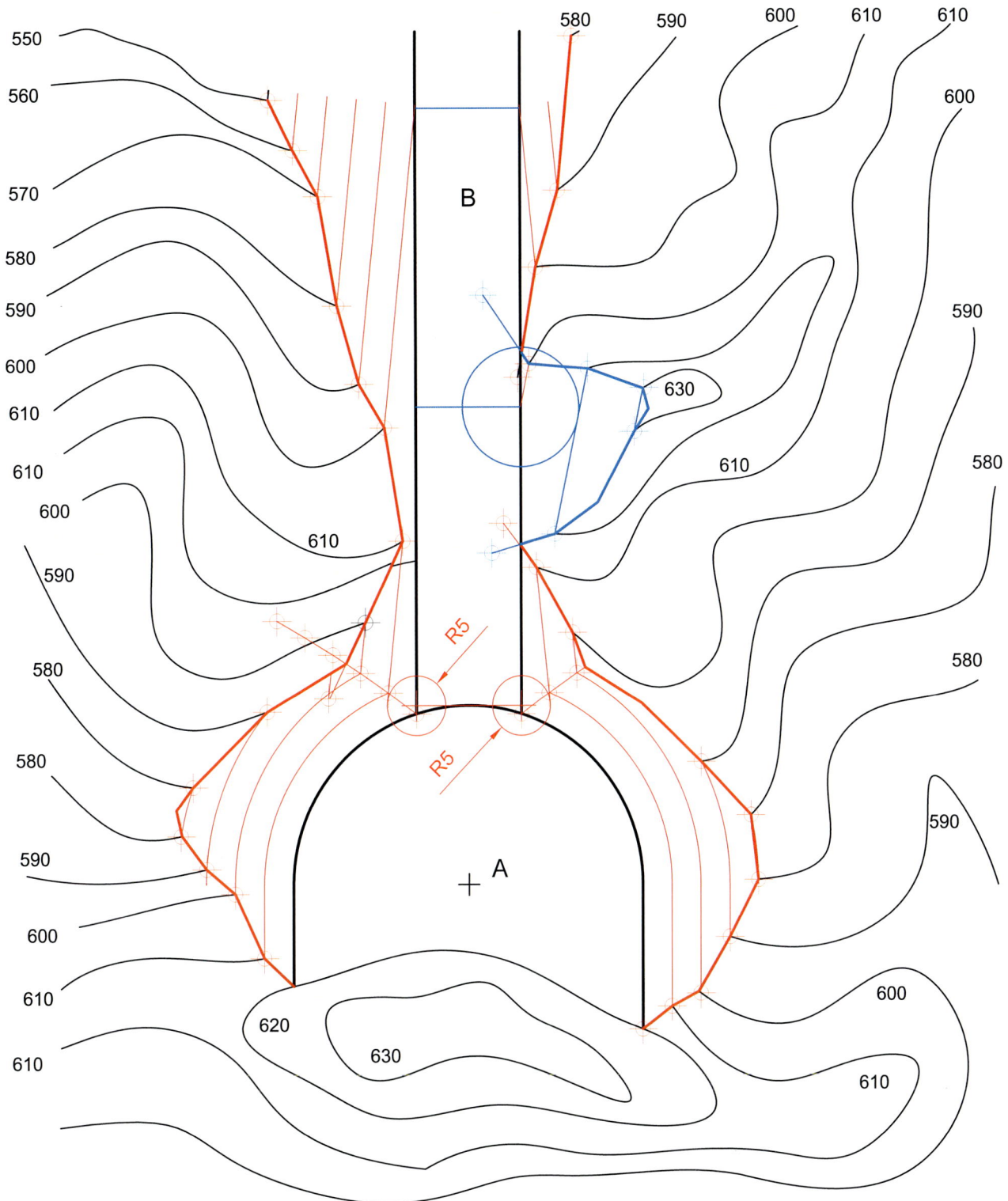

Plano honetan, 610 kotan eraiki nahi den platafonna horizontal (A) baten oinplanoa erakusten da, baita hara iristeko errepide (B) baten ardatza eta zabalera ere,% l0eko goranzko maldarekin. Lur-erauzketaren malda 1/2 dela eta lubeten malda 1 dela jakinda, marraztu lurraren egoera obra egin ondoren, eta CC' profila.

Eskala 1:2000

En el plano adjunto se muestra la planta de una plataforma horizontal (A) que se desea construir a cota 610, y el eje y el ancho de una carretera (B) para acceder a ella, de pendiente ascendente del 10%. Sabiendo que la pendiente de desmonte es de 1/2 y la pendiente de terraplen es de 1, dibujar la situación del terreno una vez realizada la obra, y el perfil CC'.

Escala 1:2000

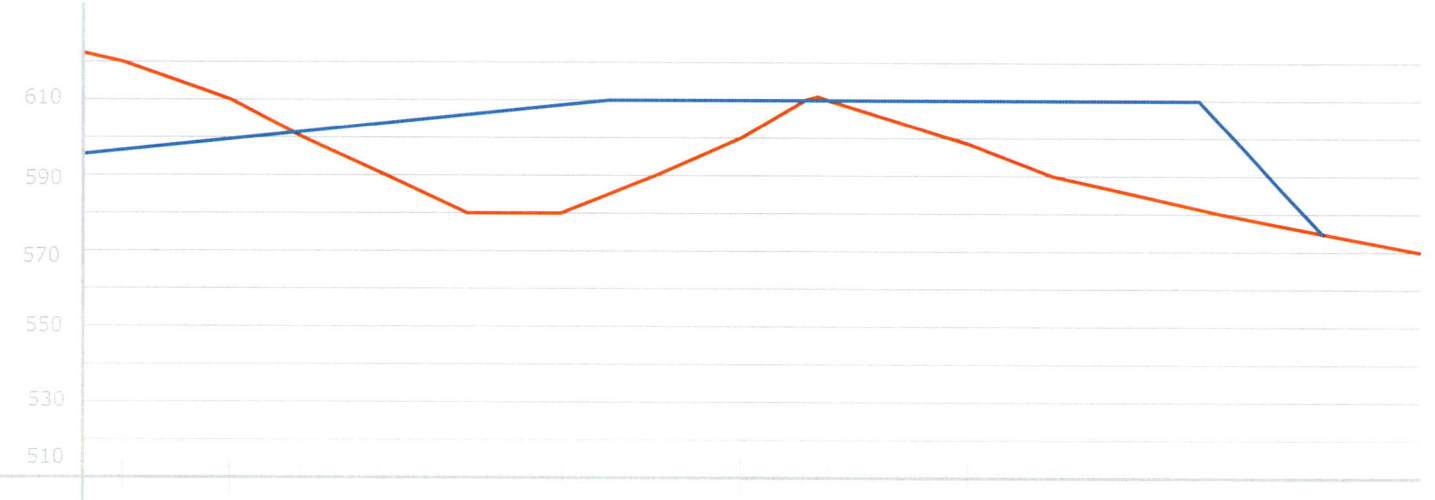

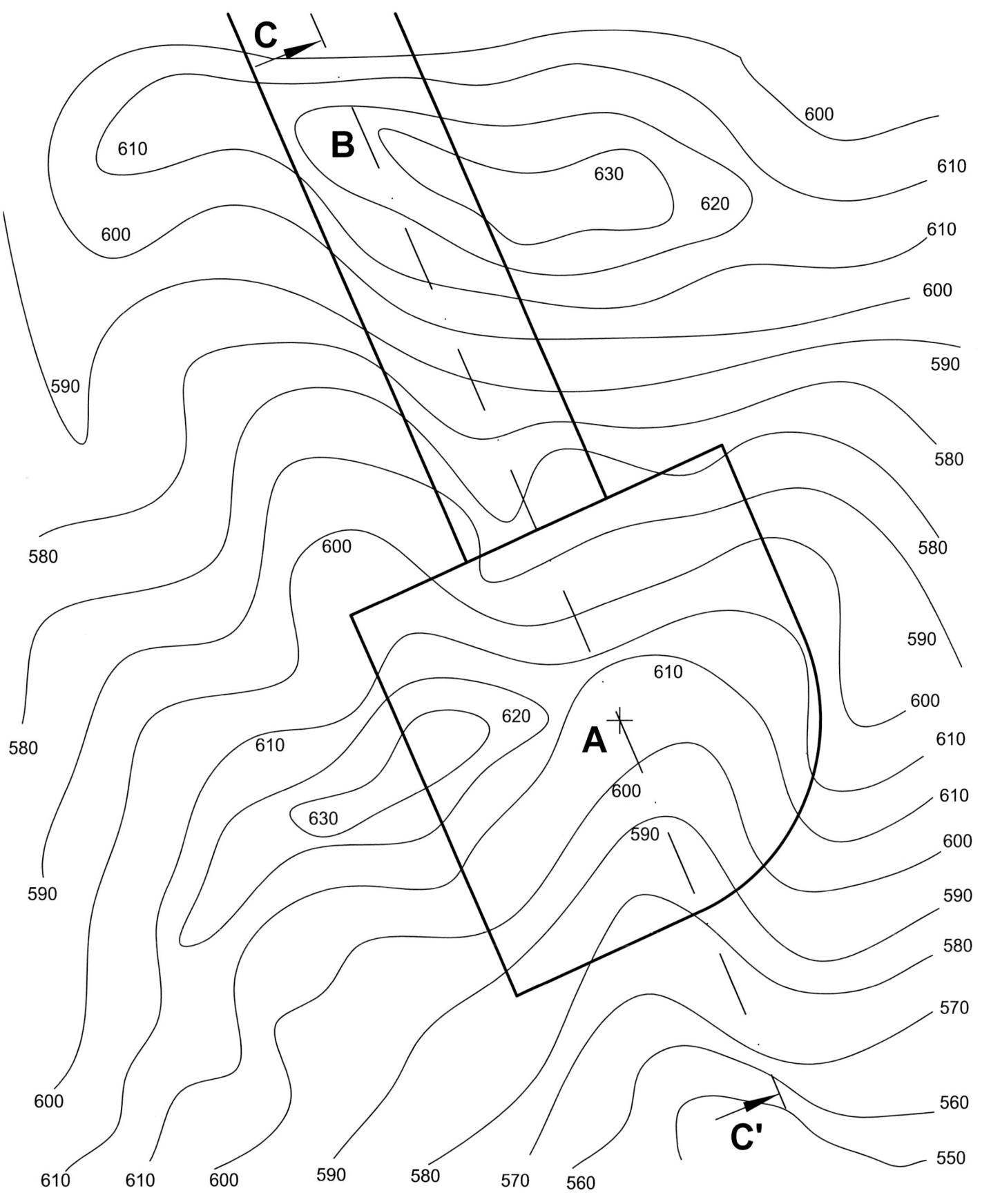

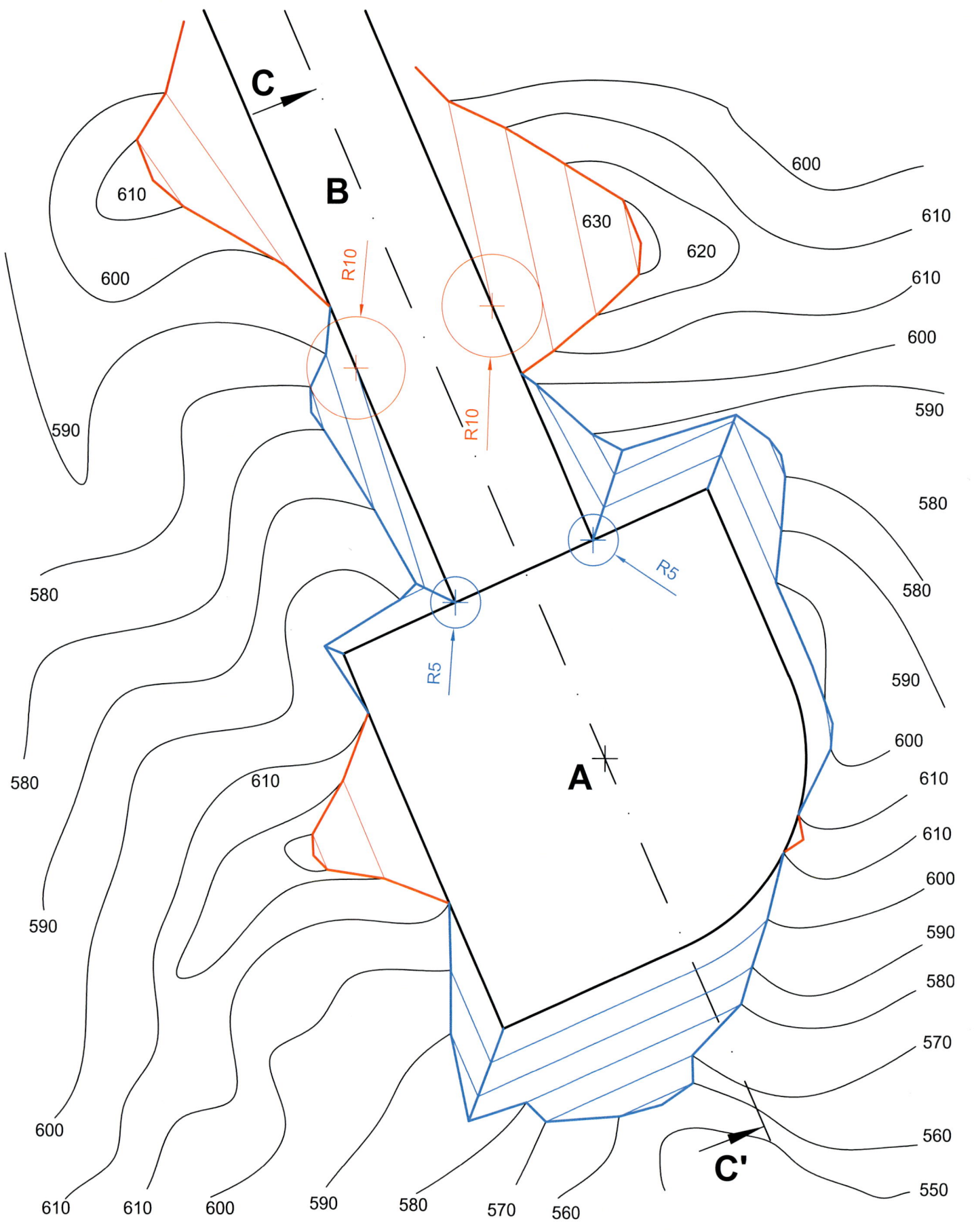

Honako plano honetan, eraiki nahi den lur-berdinketa baten oinplanoa ageri da, 600 m-ko kotakoa. Hura eraikitzeko lur-erauzketa maldak 5/7 dira, eta lubeta-ezpondak 45°-koak dira. Lur-berdinketara iristeko, 20 metro zabalerako errepide bat ere proiektatu da, eta horren ardatza planoan marraztuta dago. Errepidea lur-berdinketatik abiatuta % 5eko maldarekin jaisten da. Errepidearen lur-erauzketa eta lubeten malda 1 da. Marraztu lur-berdinketa eta errepidea eraikitzeko beharrezkoak direnak lur-mugimenduaren mugak. Marraztu zeharkako AA profila.

Eskala 1:2000

En el plano adjunto se muestra la planta de una explanación que se desea construir, de cota 600 m. Las pendientes de desmonte para su construcción son de 5/7 y el talud de terraplén es de 45°. Para acceder a la explanación se proyecta también una carretera de 20 m de ancho, cuyo eje está dibujado en el plano. La carretera desciende desde la explanación con una pendiente del 5%. La pendiente de desmonte y terraplén de la carretera son de 1. Dibuja los límites del movimiento de tierras necesario para la construcción de la explanación y la carretera. Dibujar el perfil transversal AA.

Escala 1:2000

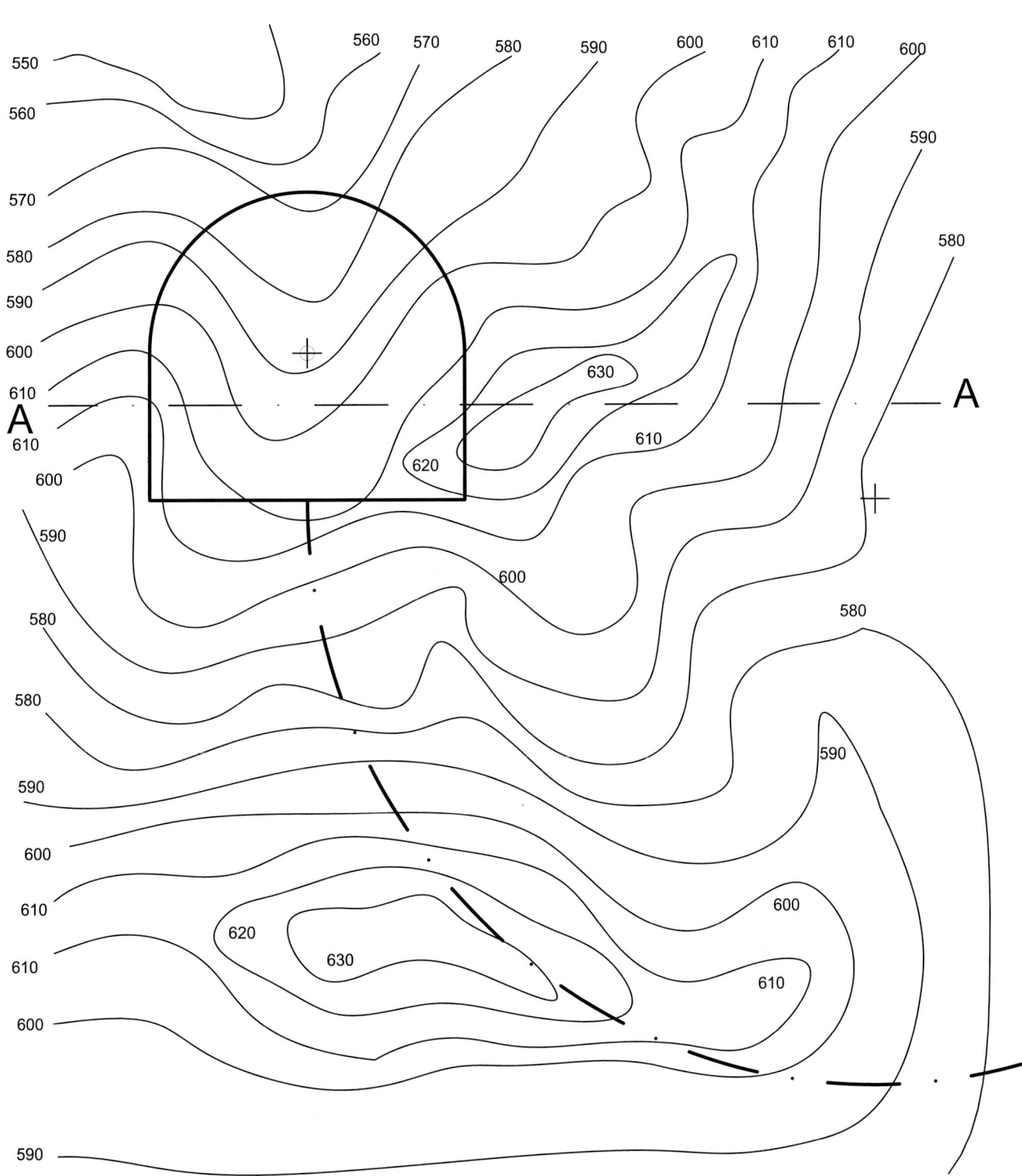

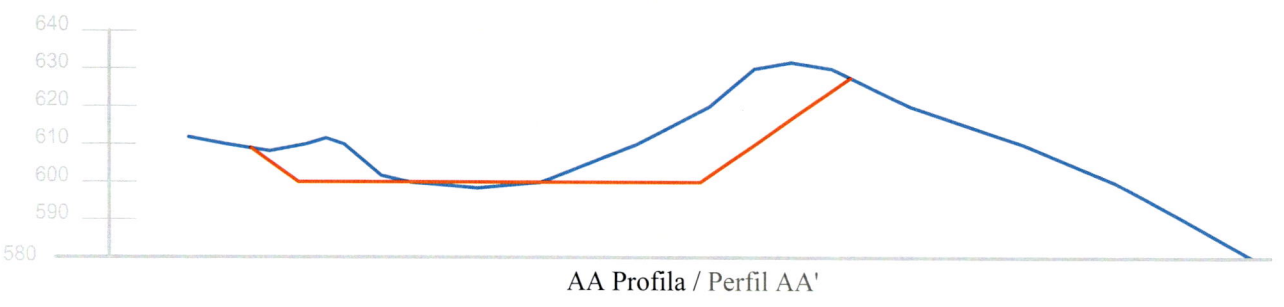

AA Profila / Perfil AA'

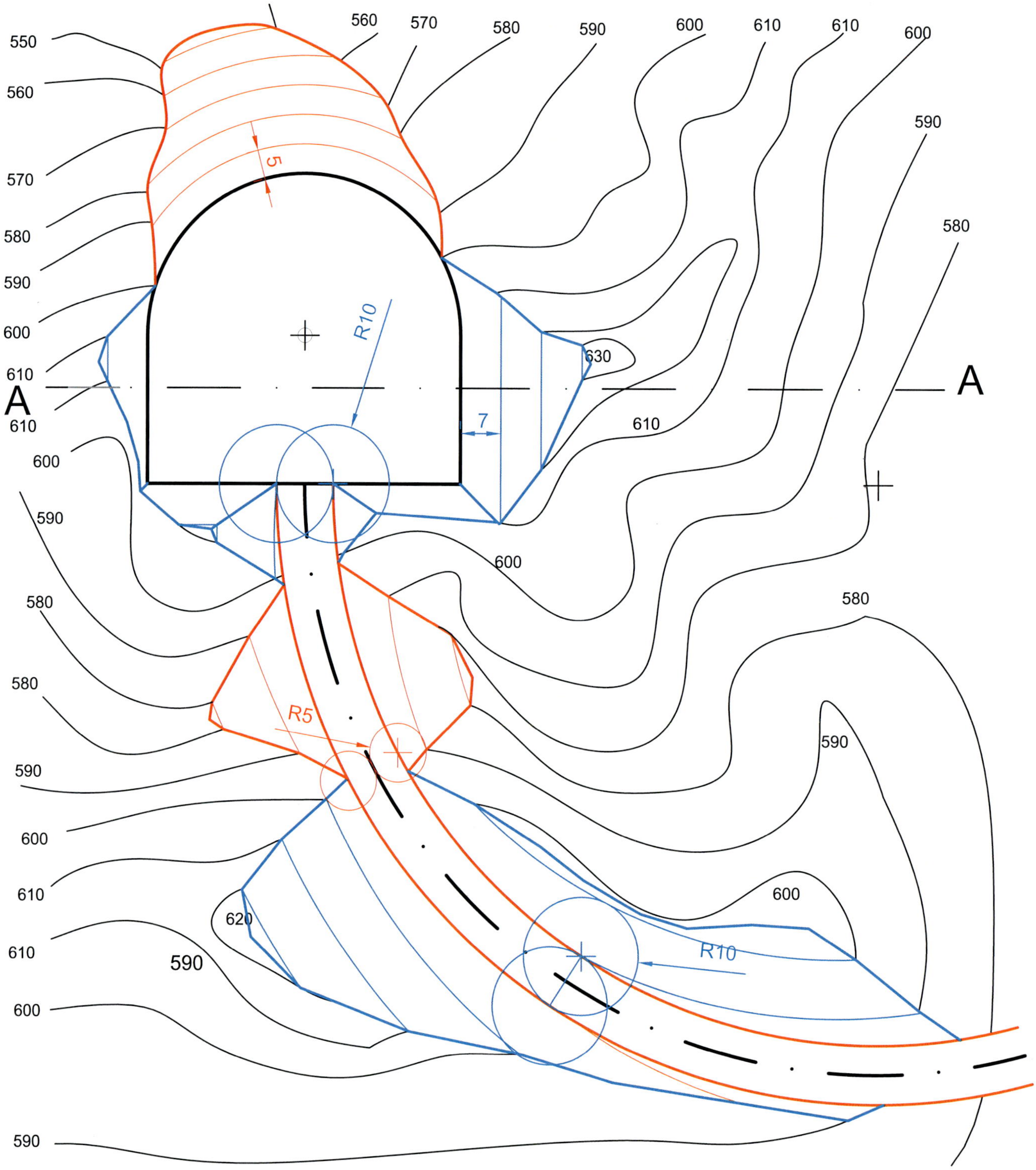

Honako plano topografiko honetan eraiki nahi diren errepide baten ardatza eta plataforma horizontal bat erakusten dira. Errepidea horizontala da A puntutik B puntura, 510 metroko kotan; plataforma horizontala ere 510 metroko kotan dago; C puntutik D puntura errepideak gora egiten du % 10eko malda konstantearekin. Errepideak 7,5 metroko zabalera du. Lur-erauzketako ezpondak 5/3 eta lubetakoak 10/3 dira.

1. Marraztu obra gauzatzeko beharrezko lur-mugimenduak.
2. Marraztu adierazitako profila.

Eskala 1:500

En el plano topográfico adjunto se muestran los ejes de una carretera y una plataforma horizontal que se proyecta construir. La carretera es horizontal desde al punto A al punto B, en una cota de 510 metros; la plataforma horizontal también está a una cota de 510 metros; desde el punto C al punto D la carretera asciende con una pendiente constante del 10%. La carretera tiene un ancho de 7,5 metros.

Los taludes de desmonte son de 5/3 y los de terraplén de 10/3.

1. Dibujar los movimientos de tierra necesarios para ejecutar la obra.
2. Dibujar el perfil señalado.

Escala 1:500

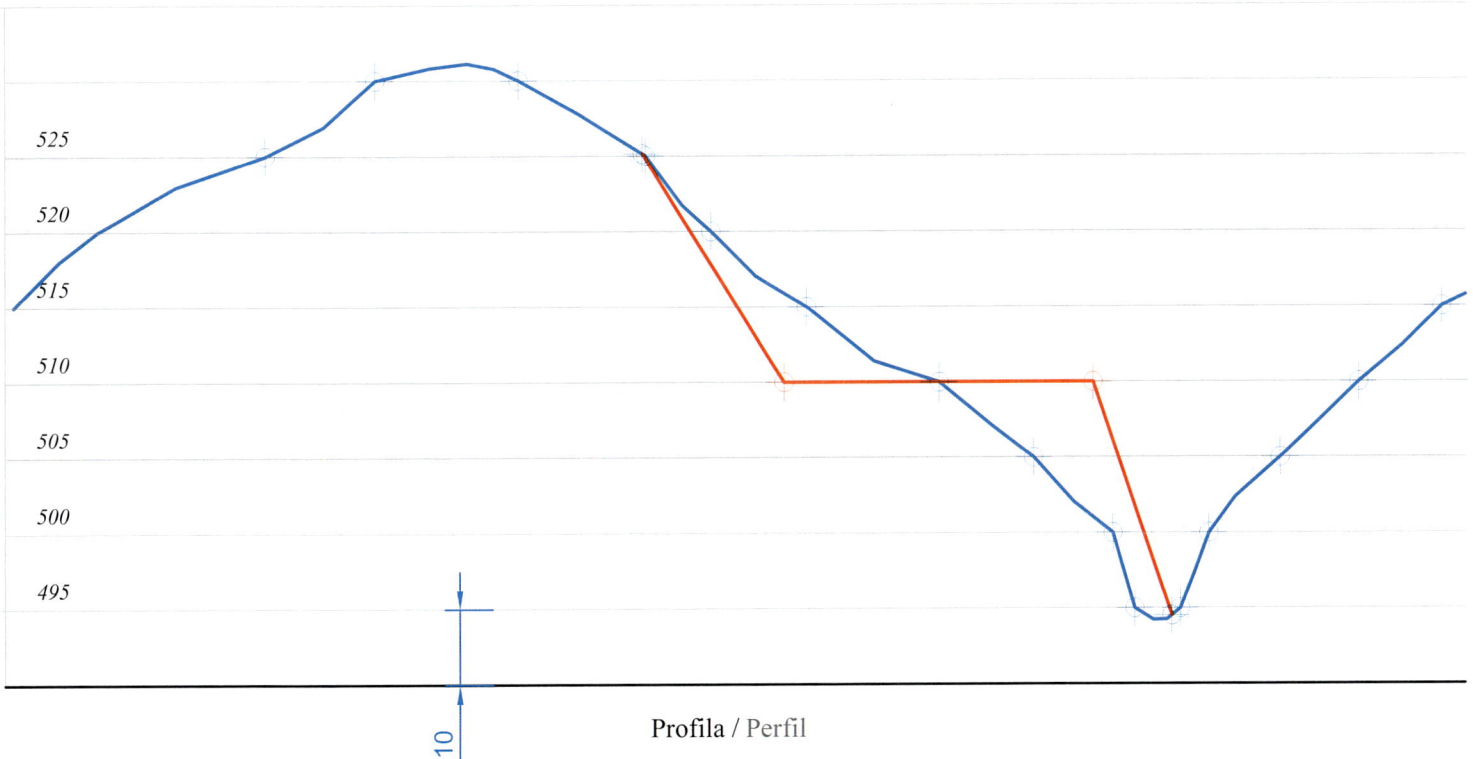

Profila / Perfil

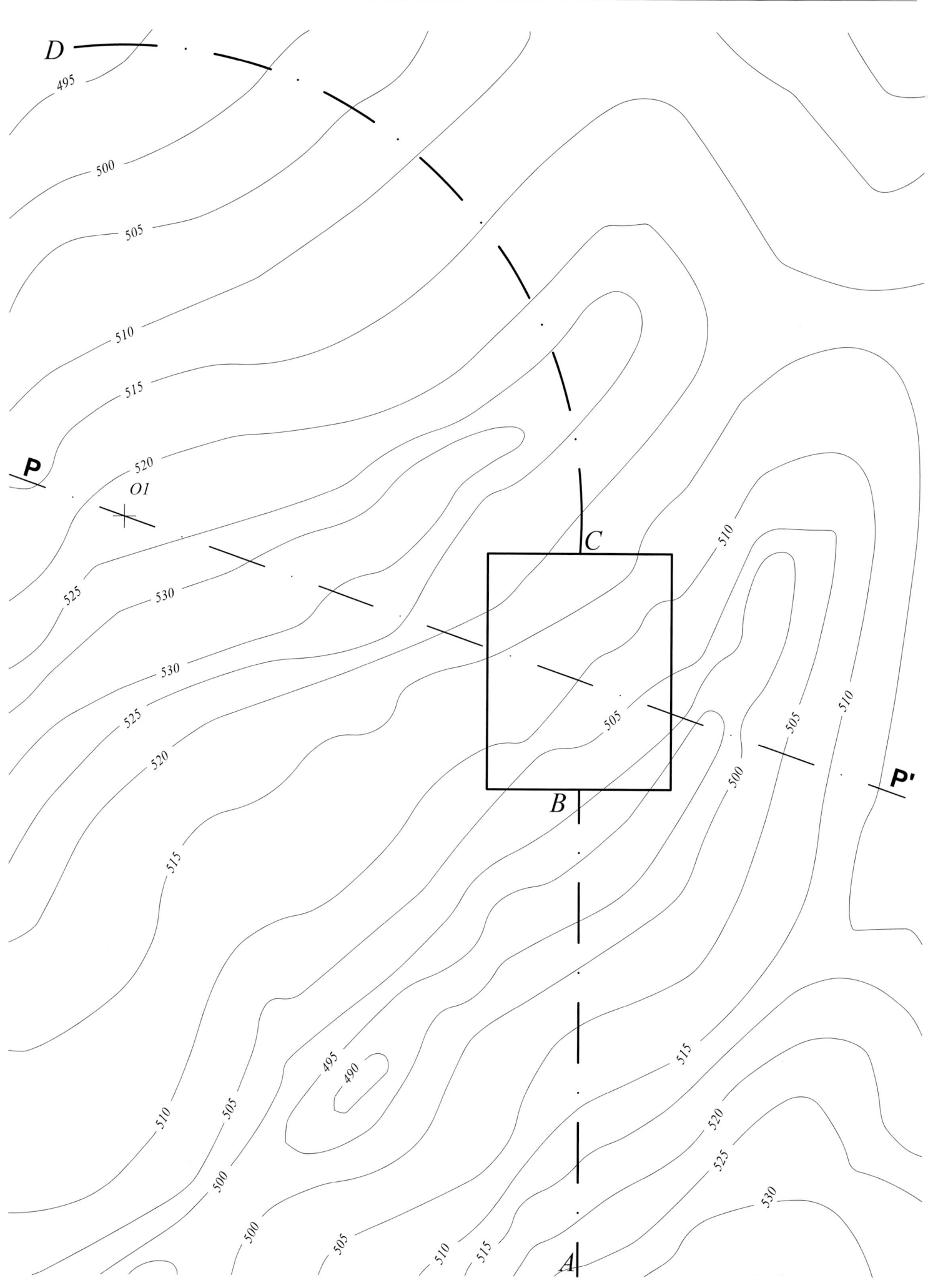

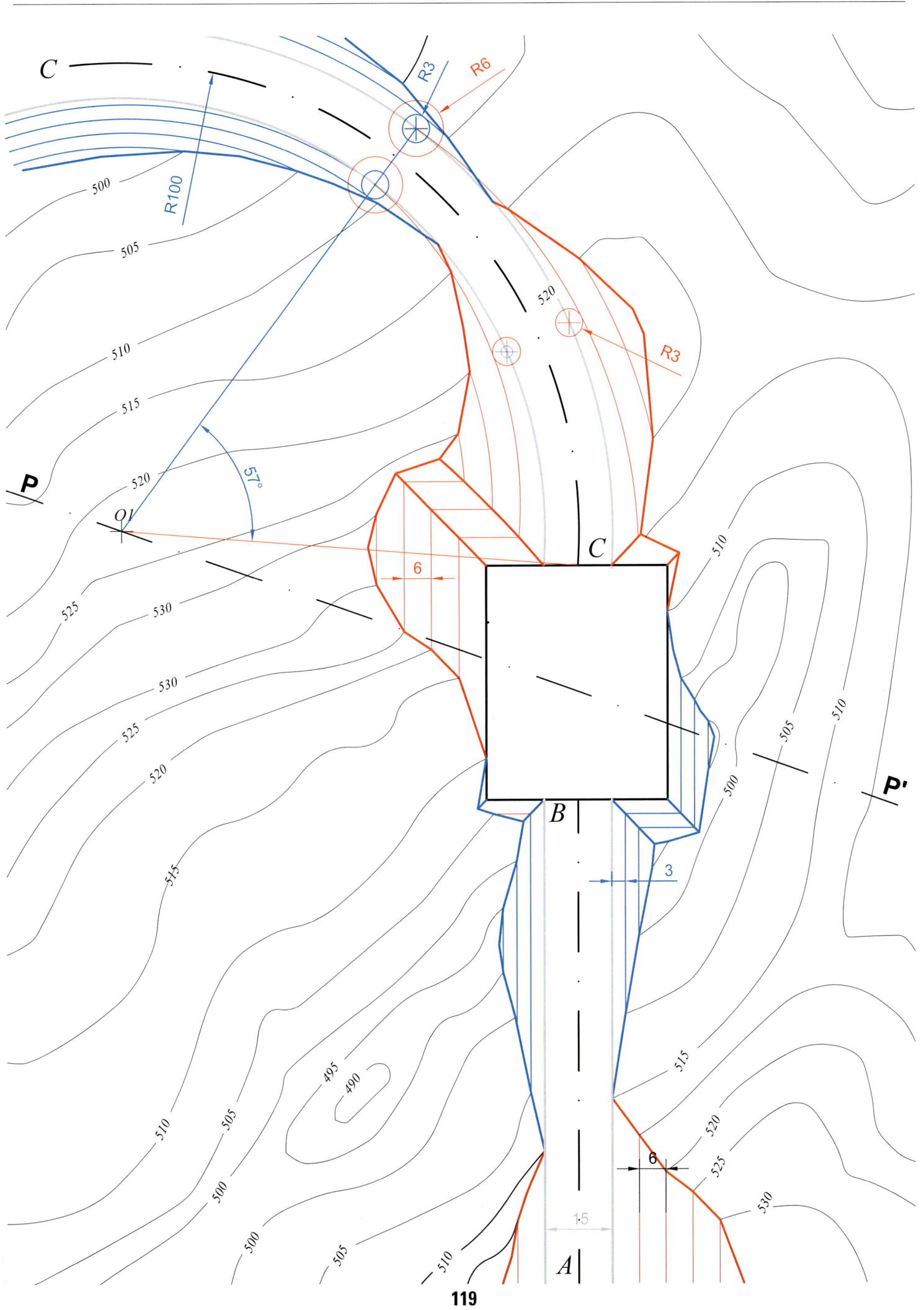

Honako plano honek 600 m-ko kotako lur-berdinketa horizontal baten oinplanoa erakusten du, eta 20 metroko zabalera duen bide horizontal batetik iristen da hara. Lur-erauzketaren malda 1/2 dela jakinda, eta lubetarena 1 dela jakinda, horiek eraikitzeko behar diren lur-mugimenduen muga marraztu. Marraztu errepidearen eta lur-berdinketaren luzetarako profila.

Eskala 1:2000

El plano adjunto muestra la planta de una explanación horizontal de cota 600 m a la que se accede por un camino horizontal de 20 metros de ancho. Sabiendo que la pendiente de desmonte es de 1/2 y la de terraplen de 1, dibujar el contorno de los movimientos de tierra necesarios para su construcción. Dibujar el perfil longitudinal de la carretera y la explanación.

Escala 1:2000

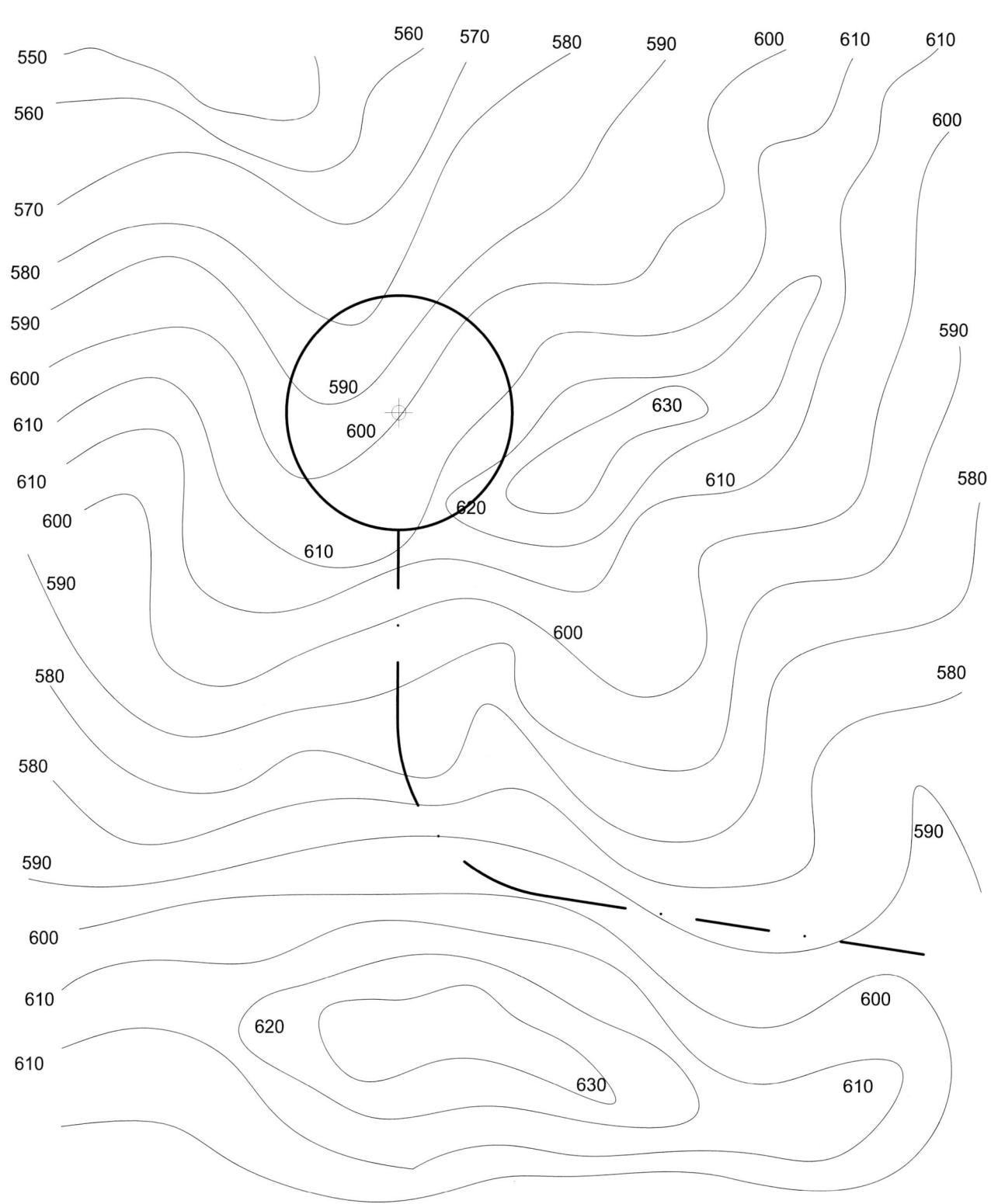

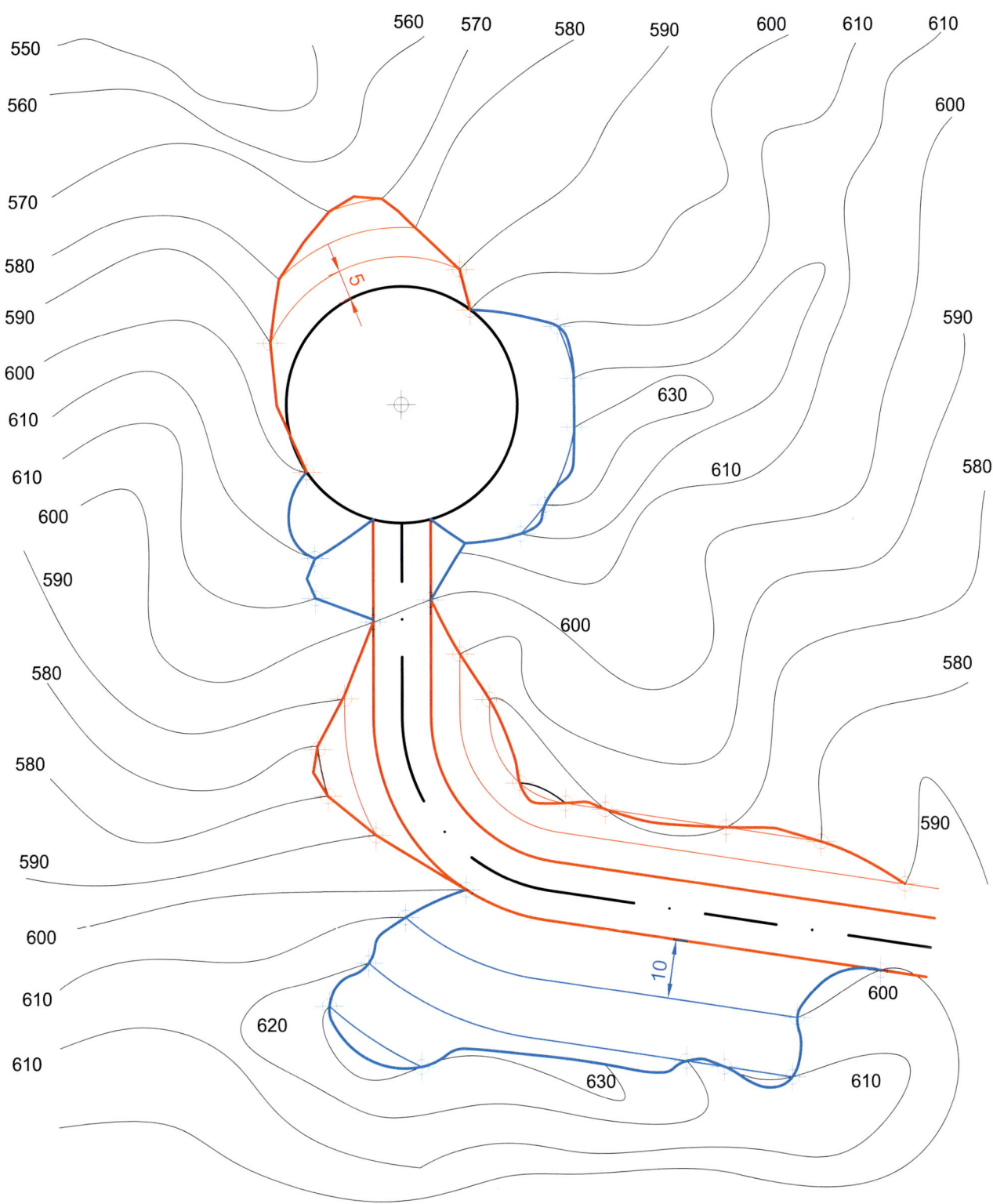

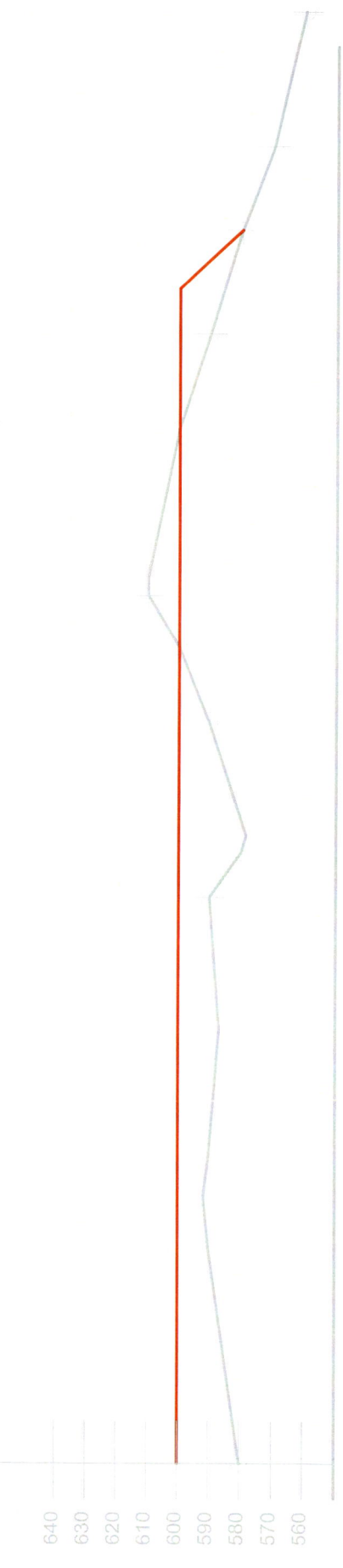

Honako topografia-plano honek presa bat eraiki nahi den zonalde bat adierazten du. Presaren profila krokisean adierazten dena da. Presaren gainetik errepide bat ere eraikiko da eta haren trazaketa planoan erakusten da. Errepidea horizontala da A puntutik B punturaino, 560 metroko kotan. B puntu horretatik aurrera, errepideak gorantz egiten du % 10eko maldarekin. Errepidearen ezponda maldak lur-erauzketa eta lubetentzako 5 da.

1. Marraztu itzazu presa eta errepidea eraikitzeko beharrezkoak diren lur-mugimenduak.
2. Marraztu urak bere kota maximoan hartuko duen azalera.
3. C-C' eta D-D' profilak marraztu.

OHARRA: O1, O2 eta O3 puntuak kurben zentroak dira, eta T1 et T2 puntuak kurben harteko ukitze-puntuak dira.

Eskala 1:1.000

En el plano topográfico adjunto se representa una zona donde se quiere construir una presa. El perfil de la presa es el que se muestra en el croquis. También se proyecta una carretera de acceso a la presa que sigue el trazado representado en el plano. La carretera es horizontal desde el punto A hasta el punto B, con una cota de 560 metros. A partir de este punto B, asciende con una pendiente del 10%. La pendiente de los taludes de terraplén y de desmonte para dicha carretera es de 5. El perfil de la presa es el que se muestra en el croquis.

1. Dibujar los movimientos de tierra necesarios para la construcción de la presa y la carretera.
2. Representar la superficie que abarcará el agua embalsada en su cota máxima.
3. Dibujar los perfiles C-C' y D-D'.

NOTA: Los puntos O1, O2 y O3 son los centros de las curvas y los puntos T1 y T2 los puntos de tangencia entre las curvas.

Escala 1:1.000

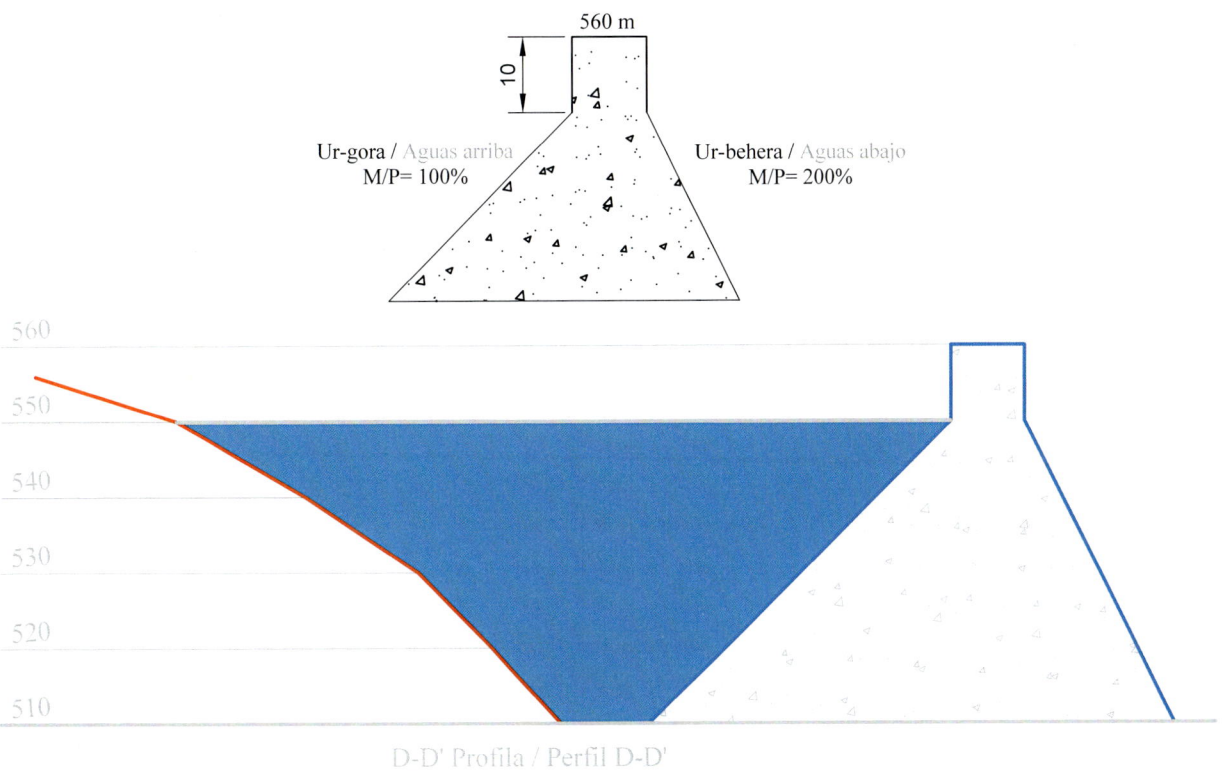

D-D' Profila / Perfil D-D'

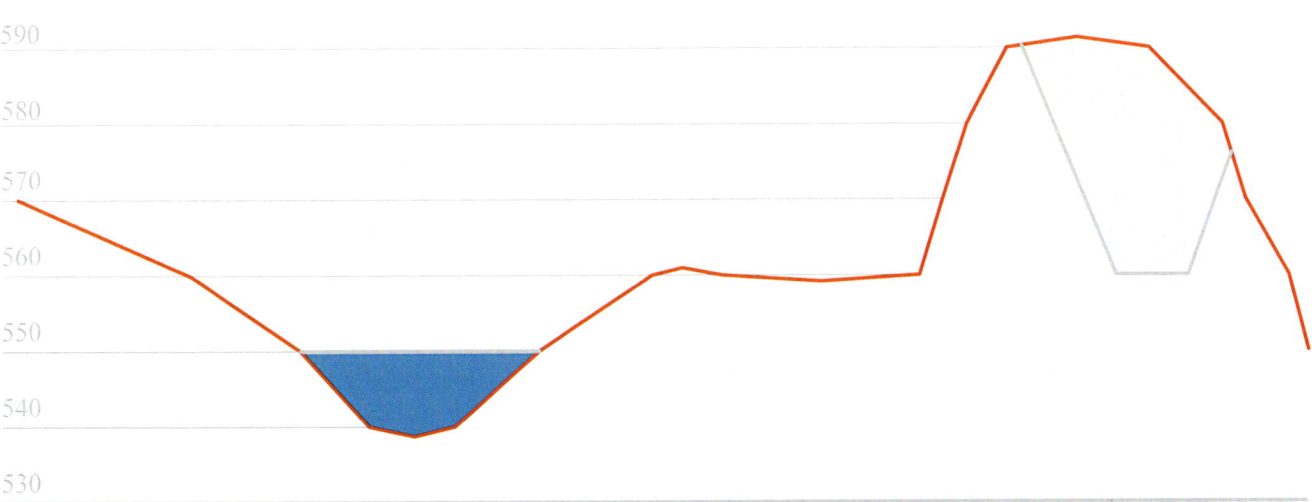

C-C' Profila / Perfil C-C'

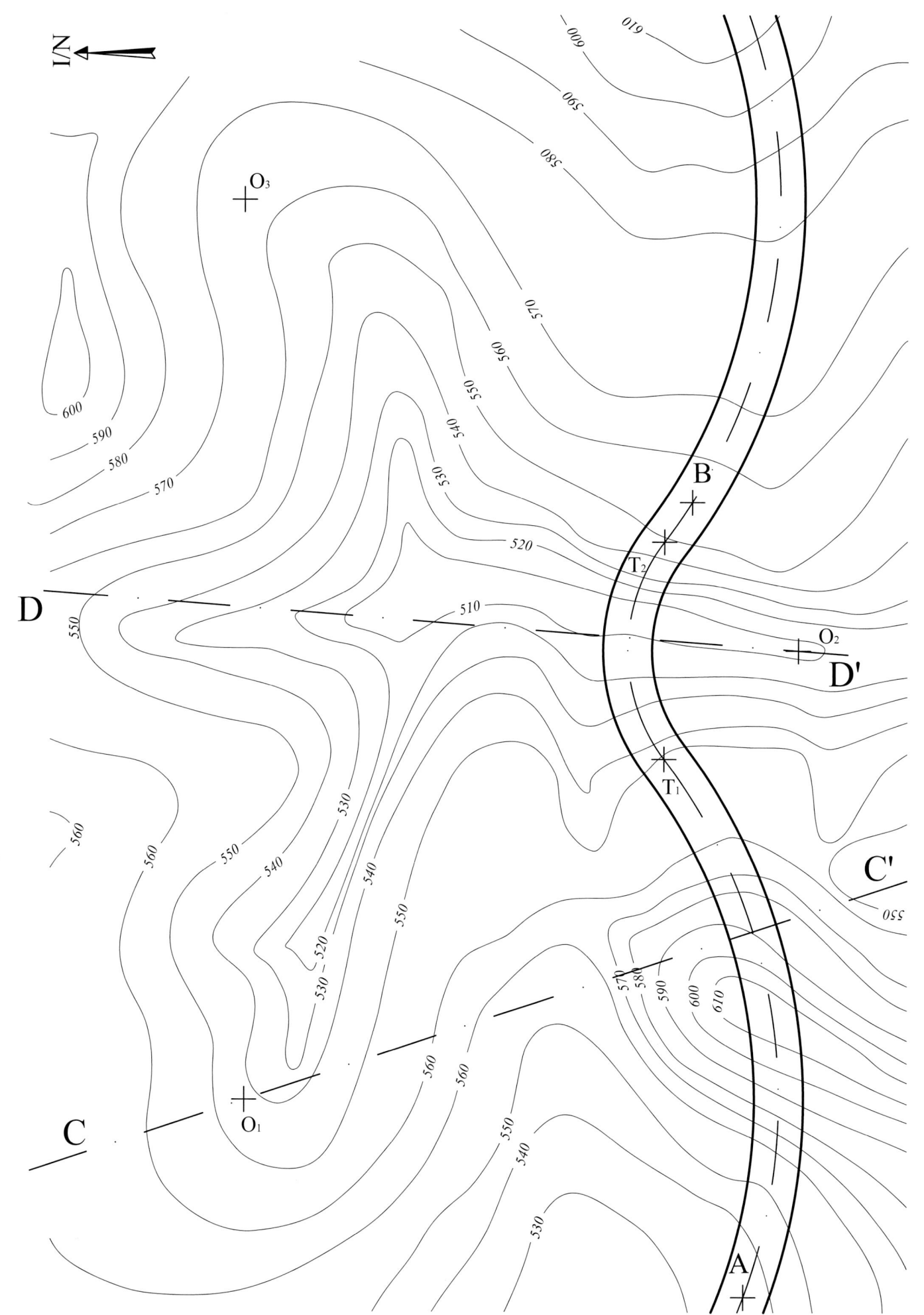

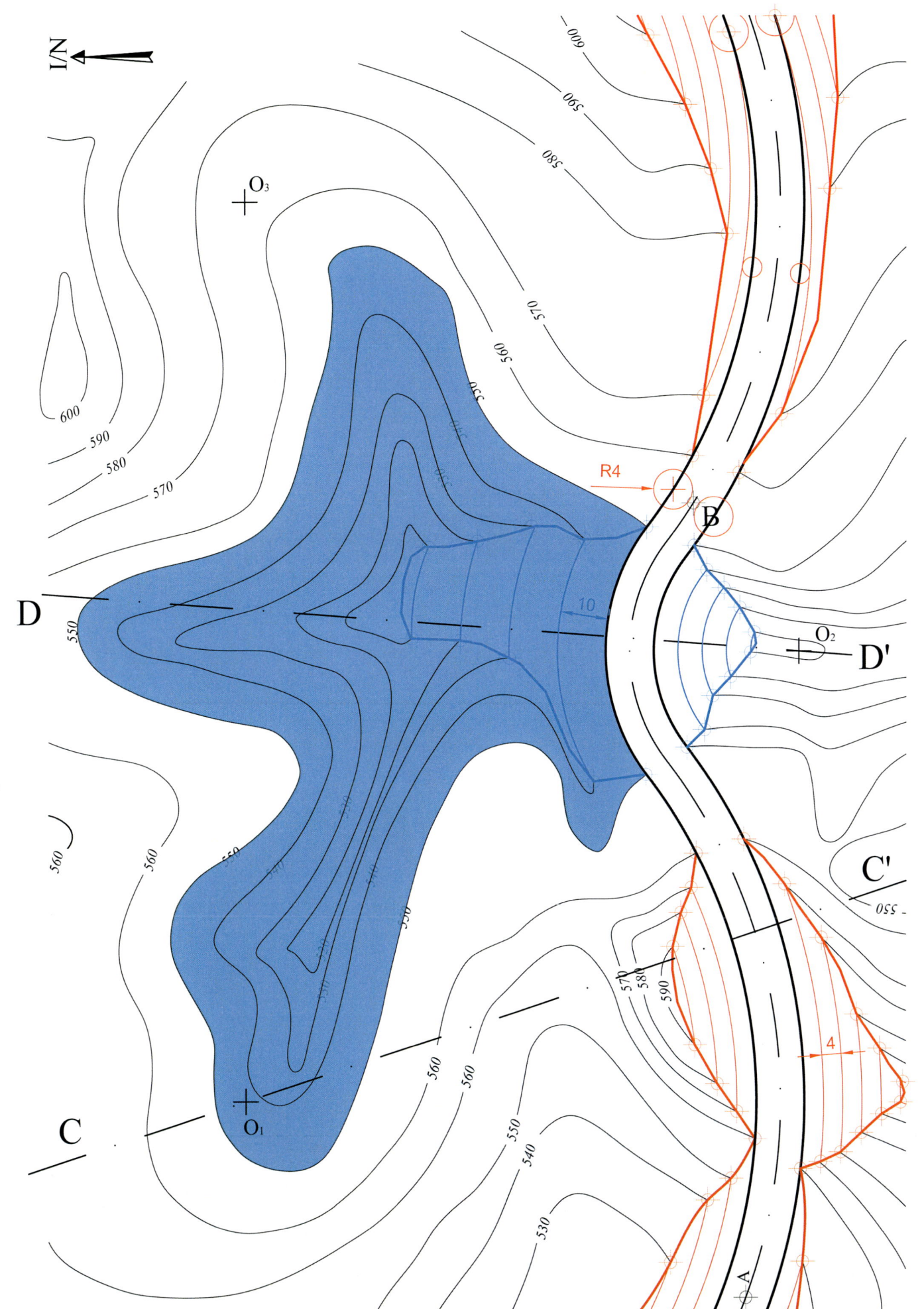

Barrikako udalerriko Astondo hondartzako gaur egungo dikearen egituraren eraberritzeak diseinu berri bat aurreikusten du, bi egiturarekin: dike bat (ABC) eta plataforma bat (RR). ABC dikeak egitura bat osatzen du, eta haren zeharkako profila krokisean agertzen da. Sekzioko horma bertikala CC tarteari dagokio.

RR poligonalak (4 metroko kota duena) % 25eko malda duen arrapala baten hasiera adierazten du.

Marraztu itzazu egitura berriko ezpondek lurrarekin eta beren geometriekin dituzten elkarguneak.

Eskala 1: 1.000

La reforma de la estructura del dique actual en la playa de Astondo en el municipio de Barrika contempla un nuevo diseño con dos estructuras: un dique (ABC) y una plataforma (RR). El dique ABC conforma una estructura cuyo perfil tranversal se muestra en el croquis. El muro vertical en la sección corresponde al tramo CC.

La poligonal RR (de cota 4 metros) representa el arranque de una rampa de una pendiente del 25%.

Dibujar las intersecciones de los taludes de la nueva estructura con el terreno y las de sus propias geometrías.

Escala 1:1.000

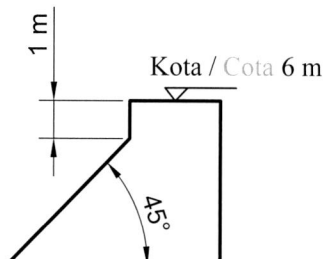

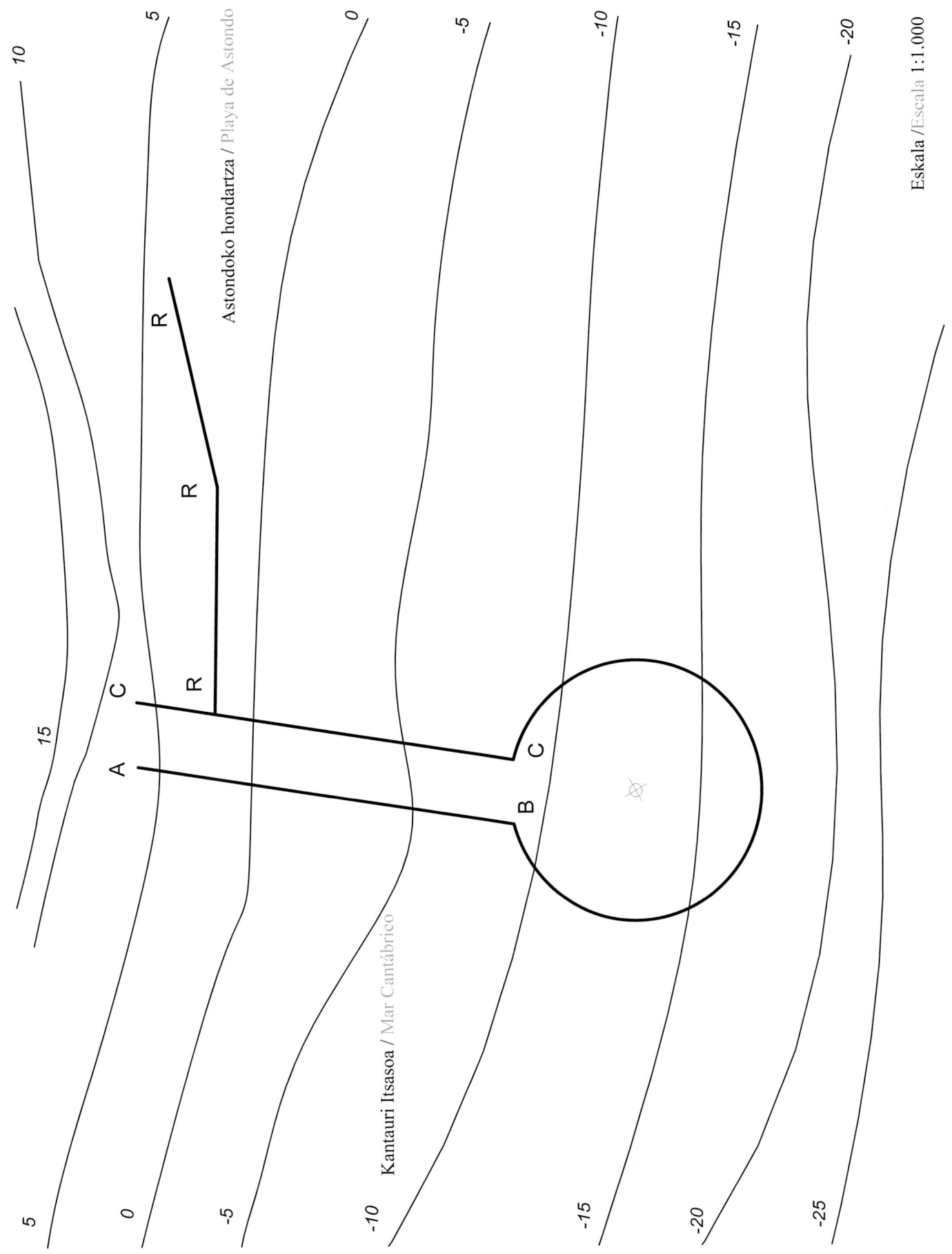

Astondoko hondartza / Playa de Astondo

Kantauri Itsasoa / Mar Cantábrico

Eskala /Escala 1:1.000

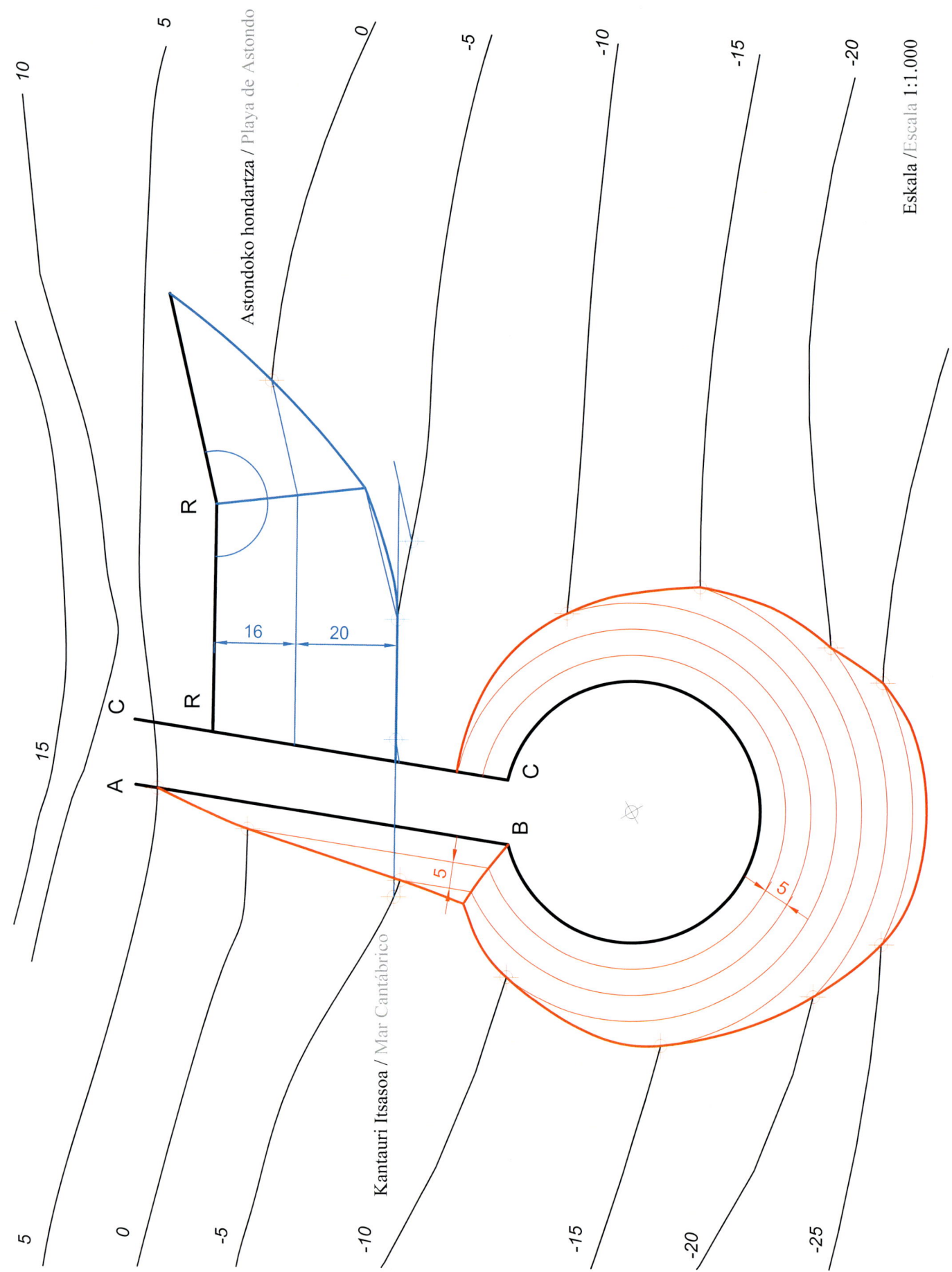

Astondoko hondartza / Playa de Astondo

Kantauri Itsasoa / Mar Cantábrico

Eskala /Escala 1:1.000

Zierbenako Mendebaldeko dikea birmoldatzeko, honako obra hau proiektatu da: egitura hormigoizkoa da, bai dikean, bai itsasontziak atrakatzeko gunean (ABC) eta arrapalan (CD). Plataformatik (CD aldetik) 30°-ko malda duen arrapala bat abiatzen da. Dikearen sekzioa irudian agertzen dena da; itsasontzien atrakatze-eremua (ABC) horma bertikalez osatuta dago. Dikearen eta atrakatze-eremuaren gainazala plataforma horizontal bat da, 5 m-ko kotakoa. Honako hau eskatzen da:

1. Dikea eraikitzeko obra zibila marraztea.
2. Lana egin ondoren, adierazitako profila marraztea, itsasoaren batez besteko maila adieraziz.

Eskala 1:2.000

Para la remodelación del Dique del Poniente, en el municipio de Zierbana, se proyecta la siguiente obra: la estructura es de hormigón tanto en el dique como en la zona de atraque de barcos (ABC) y rampa (CD); de la plataforma (del lado CD) parte una rampa de 30° de pendiente. La sección del dique es la de la figura; la zona de atraque (ABC) está formada por muros verticales para el atraque de barcos. La superficie del dique y de la zona de atraque es una plataforma horizontal de cota 5 m. Se pide:

1. Dibujar la obra civil para su construcción.
2. Dibujar el perfil indicado, una vez realizada la obra. señalando el nivel medio del mar.

Escala 1:2.000

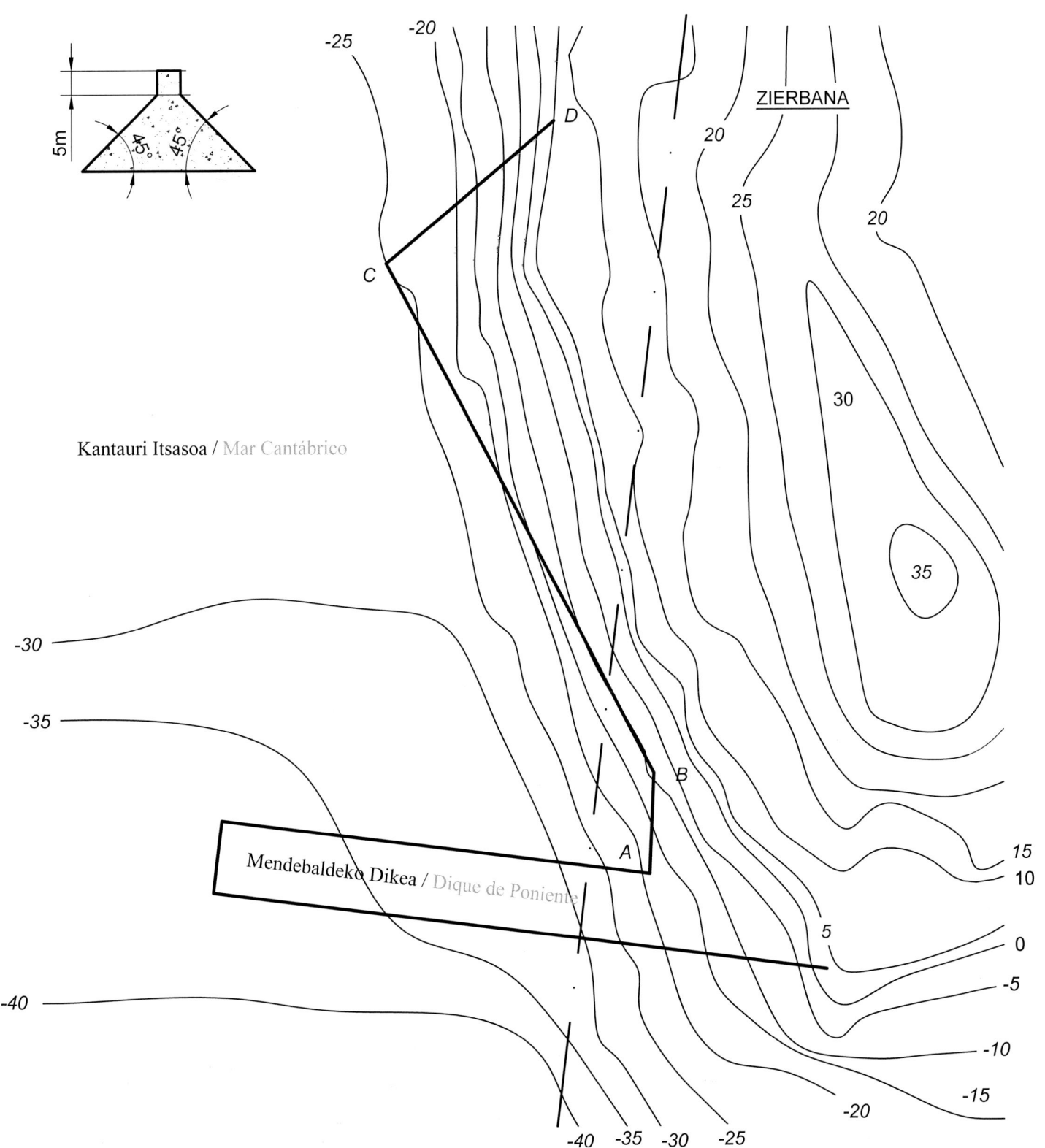

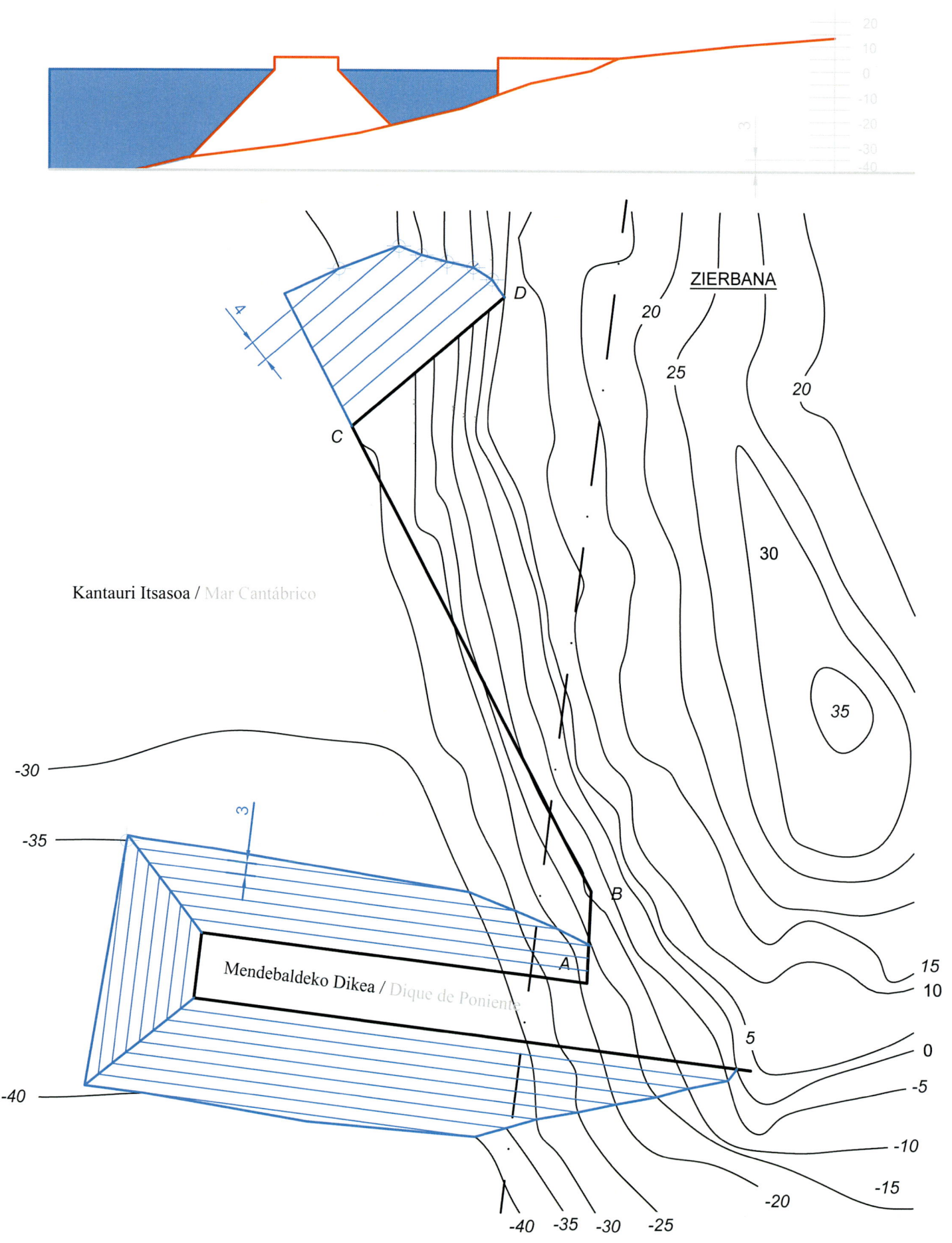

ZIERBANA

Kantauri Itsasoa / Mar Cantábrico

Mendebaldeko Dikea / Dique de Poniente

Honako plano topografiko honetan 180 m-ko kota duen presa baten gainaren muga eta sarbide-errepidea erakusten dira. Sarbideko errepideko lur-erauzketetarako eta lubetetarako ezpondak % 200koak dira. Presaren ezpondak emandako sekzioan ageri dira. Obra osoa eraikitzeko behar den lur-mugimendua zehaztu behar da.

Soberako urak husteko, % 10eko malda duen hodi bat eraiki nahi da (ahalik eta laburrena), A puntutik hasi eta BC zuzenak zehaztutako kolektorera doana. Kalkulatu kolektorearen malda eta elkargunearen kota.

Eskala 1:500

En el plano topográfico adjunto se muestran el límite de una coronación de una presa de cota 180 m y la carretera de acceso. Los taludes para los desmontes y terraplenes de la carretera de acceso son del 200%. Los taludes de la presa se muestran en la sección adjunta. Determinar el movimiento de tierras necesario para la construcción de toda la obra.

Para la evacuación de las aguas sobrantes se pretende construir una tubería con el 10% de pendiente (la más corta) que parte del punto A y va al colector definido por la recta BC. Calcular la pendiente del colector y la cota del punto de intersección.

Escala 1:500

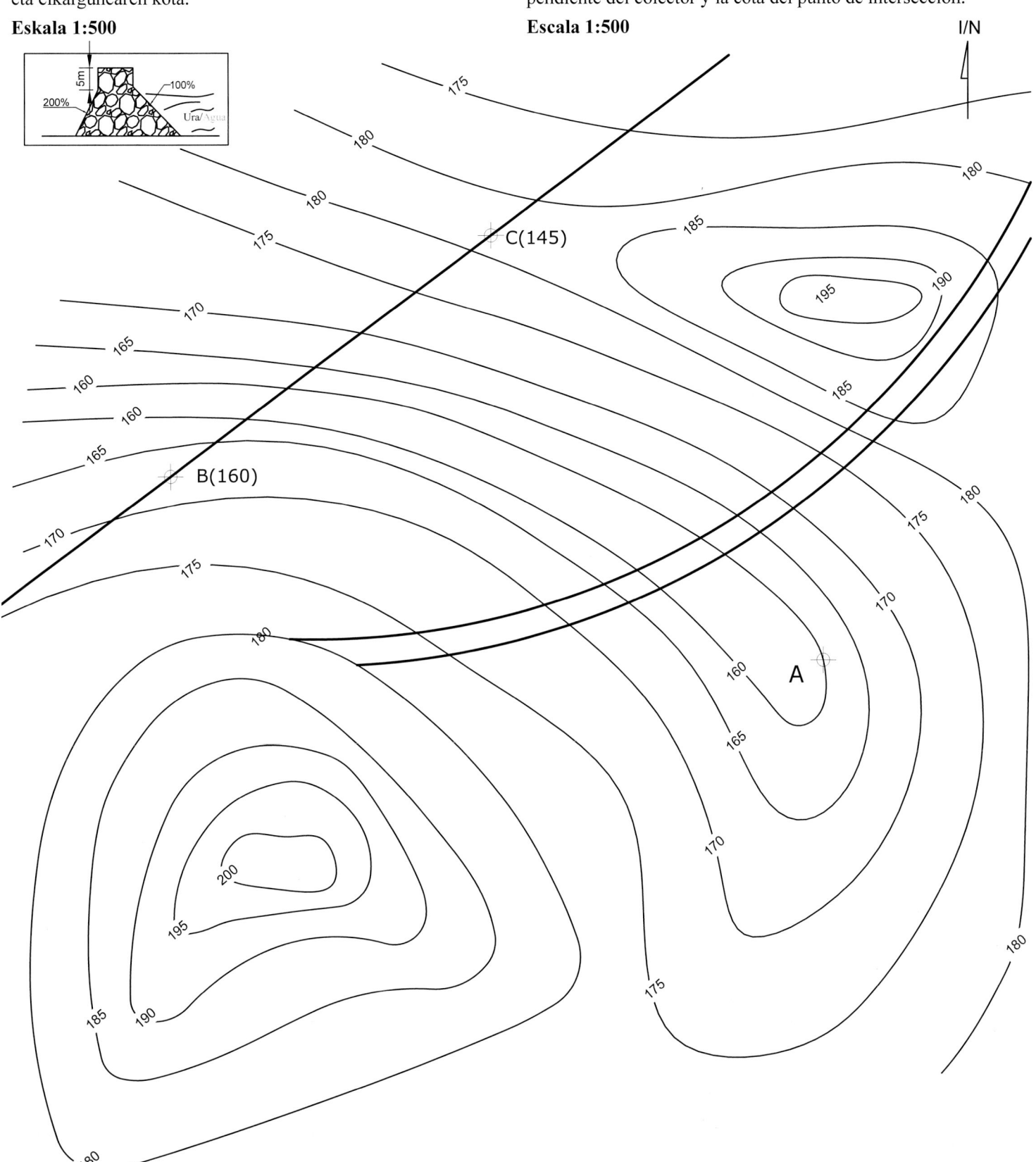

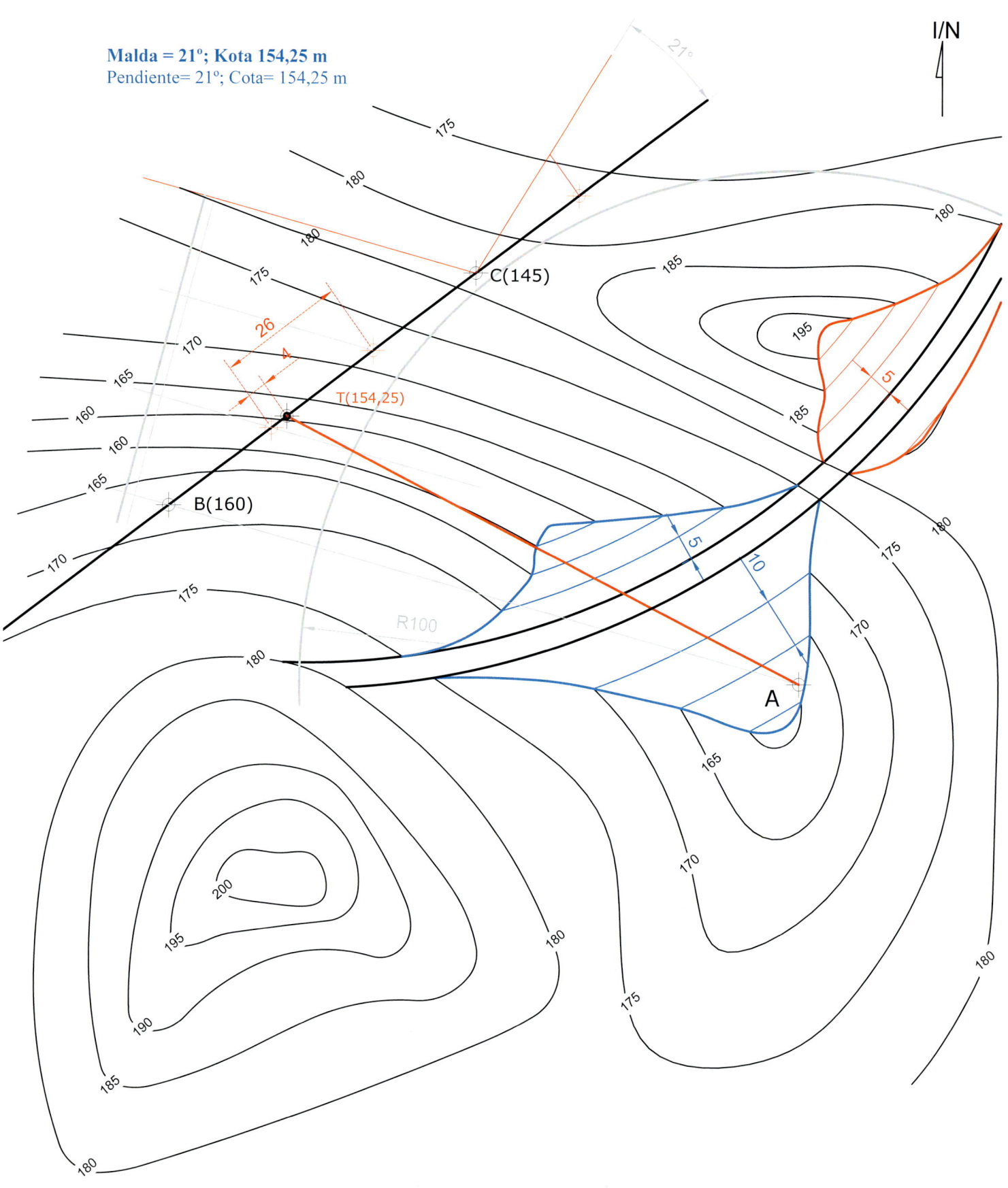

Malda = 21º; Kota 154,25 m
Pendiente= 21º; Cota= 154,25 m

I/N

C(145)

26
4

T(154,25)

B(160)

R100

5

10

A

5

Honako plano honek lursail bat irudikatzen du, eta han eraiki nahi den urmael artifizial baten perimetro horizontala ageri da. Eskatzen da:

1. Obrarako beharrezkoak diren ezpondak marraztea, erantsitako krokisean emandako datuak kontuan hartuta.
2. Orri honetan adierazitako profila marraztea.
3. % 10eko malda duen hodi bat marraztea (ahalik eta laburrena), lurreko "A" puntua "R" eta "S" puntuek emandako hodiarekin konektatzeko. Ukipen-puntuaren kota aurkitzea.

Eskala 1:1.000

El plano adjunto representa un terreno en el que se pretende construir un estanque artificial cuyo perímetro horizontal se muestra. Se pide:

1. Dibujar los taludes necesarios para la obra teniendo en cuenta los datos aportados por el croquis que se adjunta.
2. Dibujar, en esta hoja, el perfil indicado.
3. Trazar una tubería de 10% de pendiente (la más corta) que conecte el punto "A" del terreno con la tubería dada por los puntos "R" y "S". Hallar la cota del punto de contacto.

Escala 1:1.000

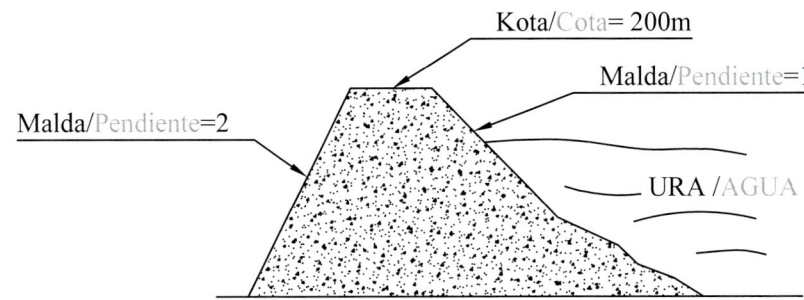

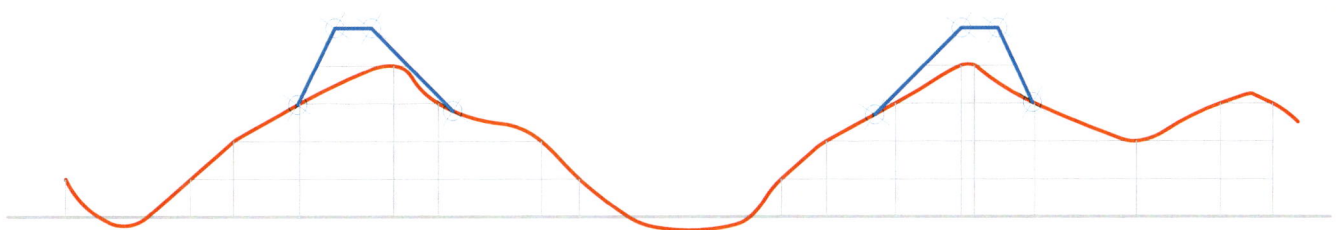

Profila / Perfil

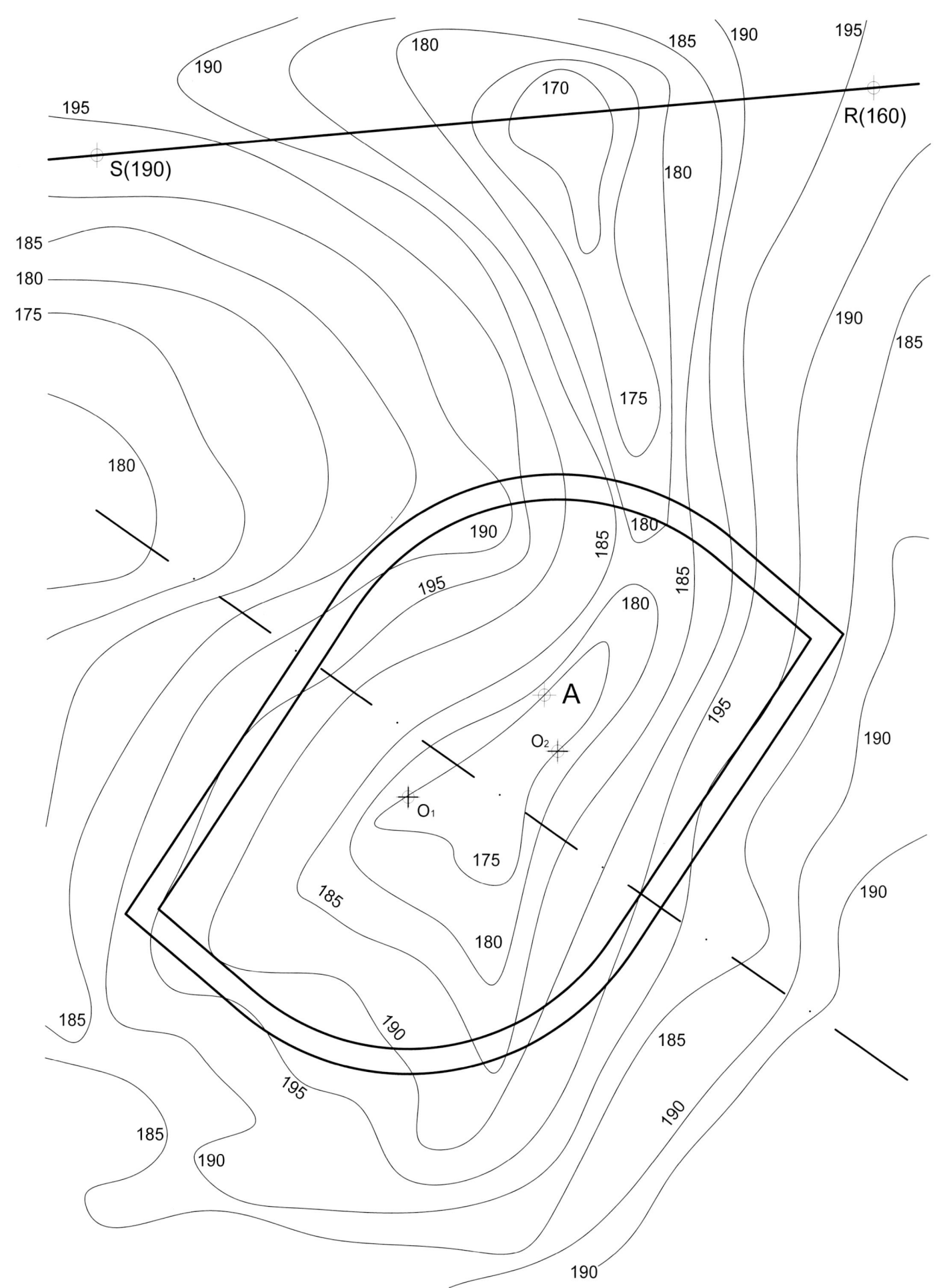

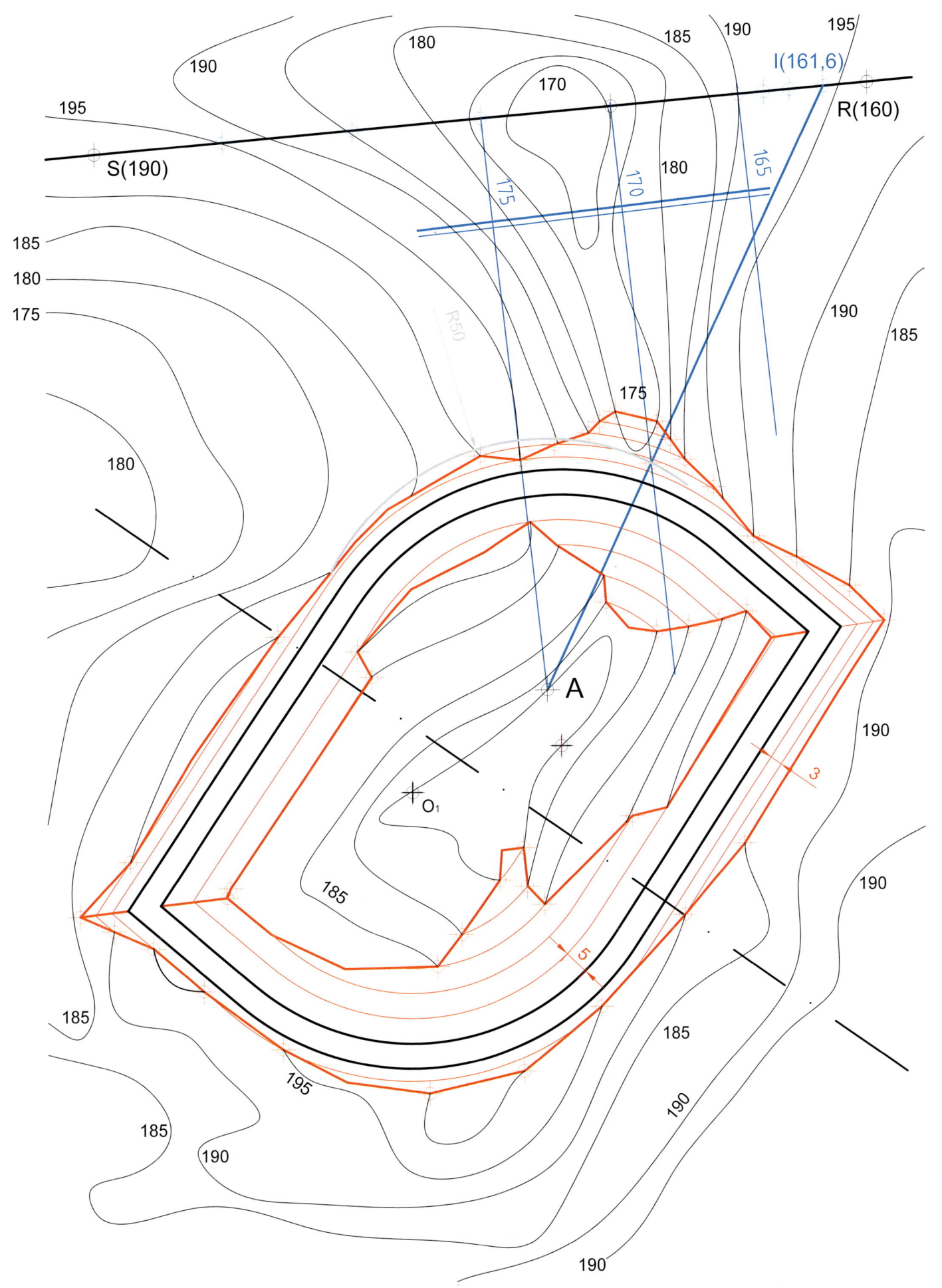

Hainbat zundaketaren ondoren, 5,8 m-ko potentzia duen mineral-zain baten sabaiko hiru puntu aurkitu dira (T1, T2 eta T3).

1. Zehaztu zainaren norabidea, buzamendua eta azaleratze-lerroak.

Lurrazalaren P puntutik galeria horizontal bat egiten da zainerantz (ahalik eta laburrena).

2. Marraztu galeriaren proiekzioak eta kalkulatu zainean zeharreko haren luzera.

Eskala 1:200

Después de varios sondeos se han encontrado tres puntos del techo de una vena de mineral (T1, T2 y T3) de 5,8 m de potencia.

1. Determinar el rumbo y buzamiento y las líneas de afloramiento de la vena.

Desde el punto P del terreno se traza una galería horizontal en dirección a la vena (la más corta posible).

2. Dibujar las proyecciones de la galería y calcular su longitud a través de la vena.

Escala 1:200

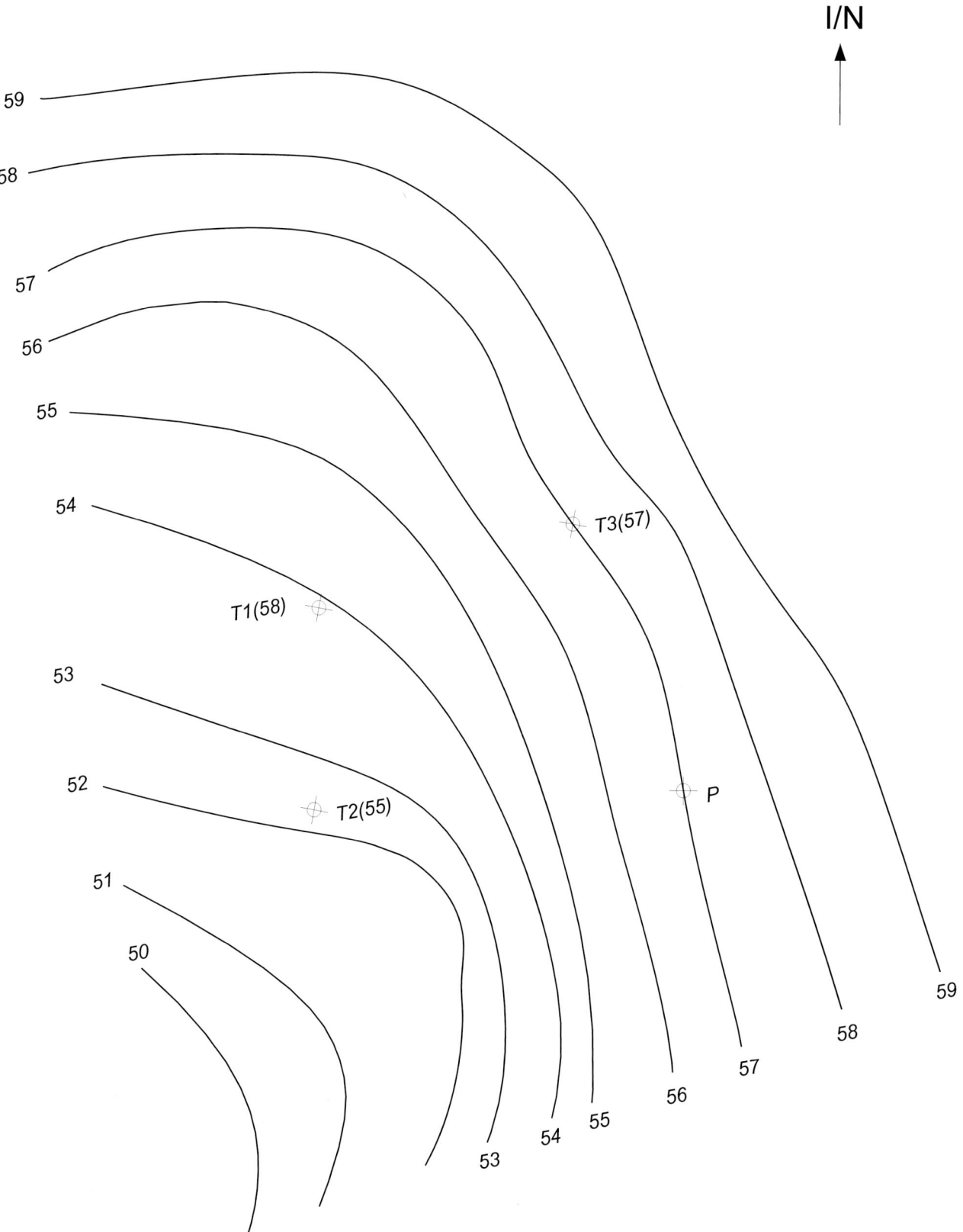

Norabidea= 60º; Buzamendua = 27º; Luzera= 12,9 m
Rumbo= 60º; Buzamiento= 27º; Longitud= 12,9 m

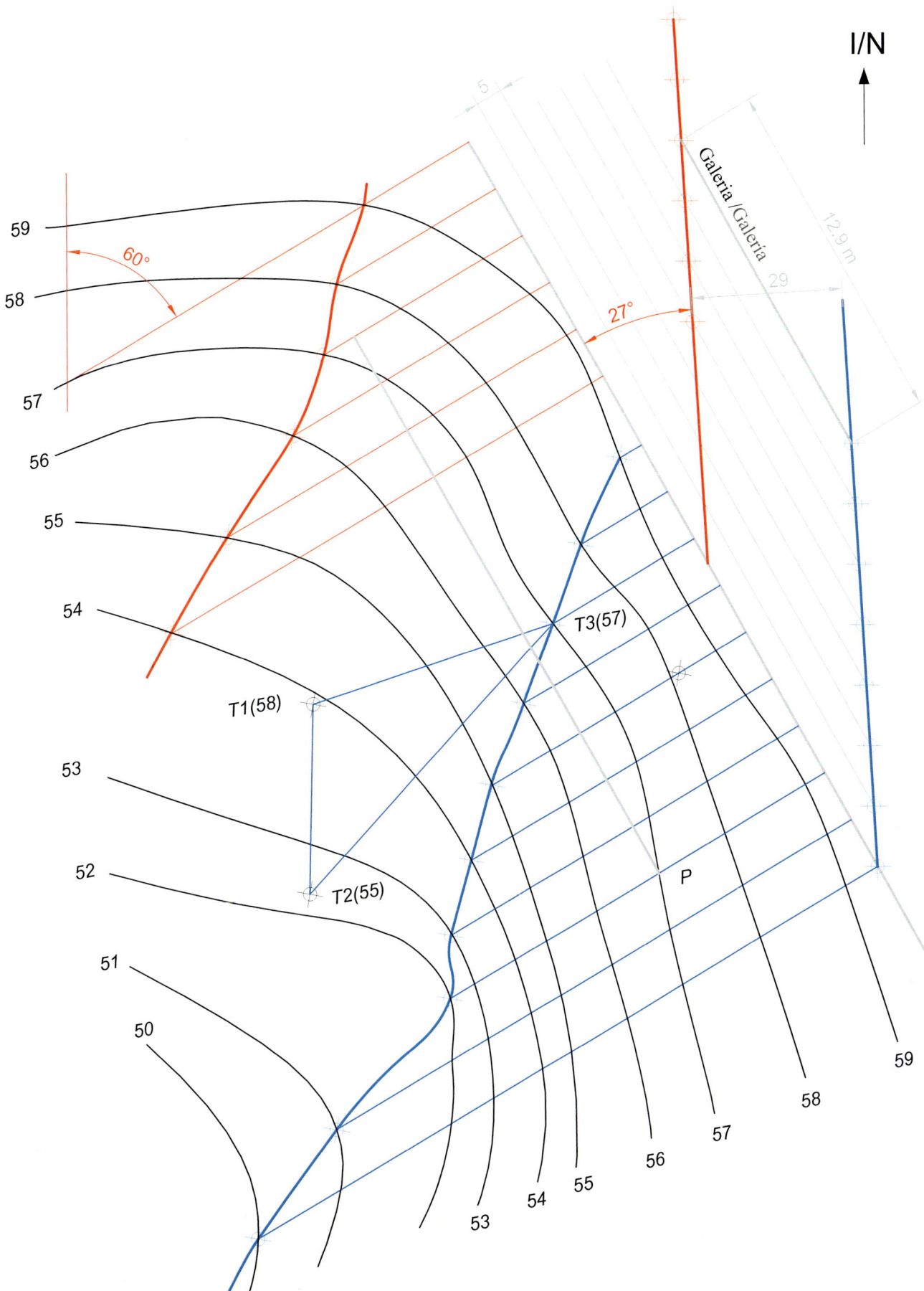

Lurrazaleko T1 eta T2 puntuak aztertu nahi den zain mineral baten sabaiari dagozkio.

Zainak 34º-ko buzamendua du hegoalderantz. Lurraren S puntua zain bereko lurzoruaren azaleratze-puntua da.

1. Kalkulatu zainaren norabidea eta potentzia eta marraztu azaleratze-lerroak.

Lurrazaleko P puntutik, 30º-ko malda duen galeria bat zulatzen da, ahalik eta laburrena, eta zaina zeharkatzen duena.

2. Marraztu galeriaren proiekzioak, kalkulatu hare zainean zeharreko luzera eta zehaztu sarrera eta irteerako kotak.

Eskala 1:200

Los puntos T1 y T2 del terreno pertenecen al techo de una vena mineral que se quiere estudiar.

La vena tiene un buzamiento hacia el Sur de 34º. El punto S del terreno es un punto del afloramiento del suelo de la misma vena.

1. Calcular el rumbo y la potencia de vena y sus líneas de afloramiento.

Desde el punto P del terreno se perfora una galería de pendiente 30º, la más corta posible, y que atraviese la vena.

2. Dibujar las proyecciones de la galería, calcular su longitud a través de la vena y las cotas de entrada y salida en la vena.

Escala 1:200

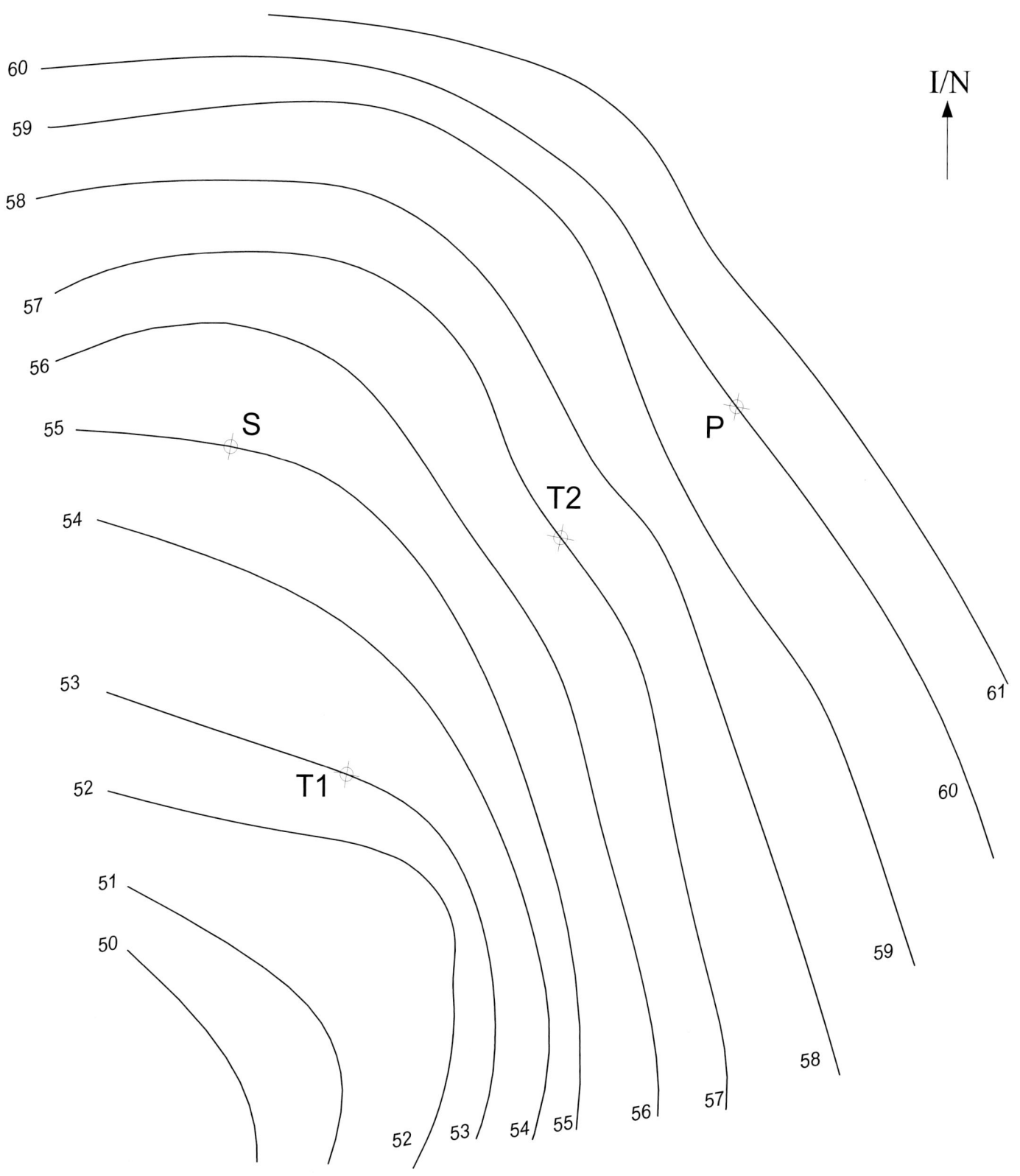

Norabidea= 73º; Potentzia = 5,35 m; Luzera= 5,95 m; Sarrerako kota= 59,45 m; Irteerako kota= 56,48 m
Rumbo= 73º; Potencia=5,35 m; Longitud= 5,95 m; Cota de entrada= 59,45 m ; Cota de salida= 56,48 m

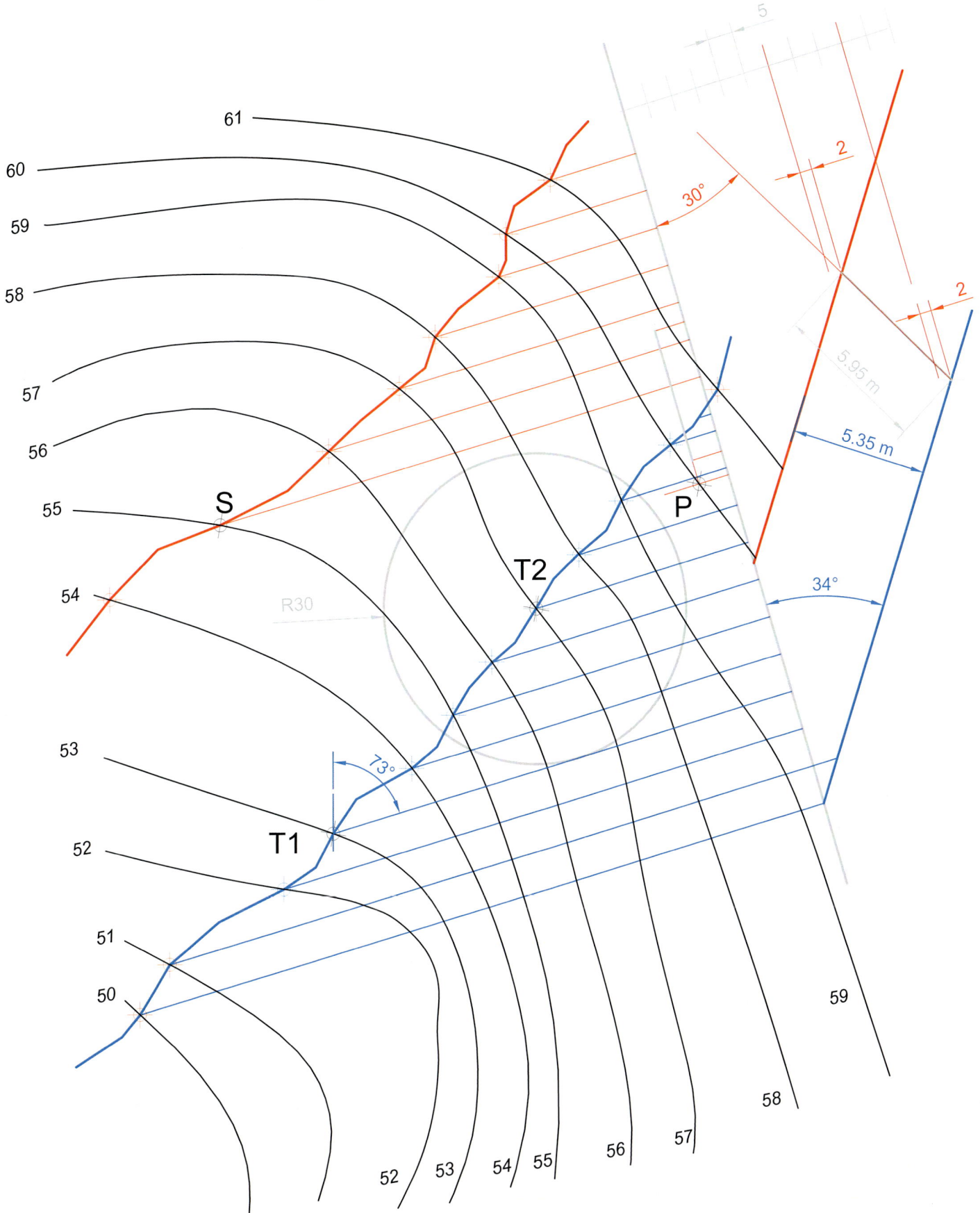

A, B eta C puntuak mineral-zain baten sabaiaren azaleratze-puntuak dira. 110 m-ko kotako P puntua (A-tik 60º hego-ekialdera eta C-tik 55º hego-mendebaldera daagoena) zain bereko zoruko puntu bat da. Kalkulatu zainaren norabidea, buzamendua eta potentzia. Marraztu itzazu sabaiko eta zoruko azaleratze-lerroak.

Eskala 1:500

Los puntos A, B y C son los puntos del afloramiento del techo de un filón de mineral. El punto P (60º al sureste de A y 55º al suroeste de C) de cota 110 m, es un punto del suelo del mismo filón. Calcular el rumbo, buzamiento y potencia del filón. Dibujar las líneas del afloramiento del techo y del suelo.

Escala 1:500

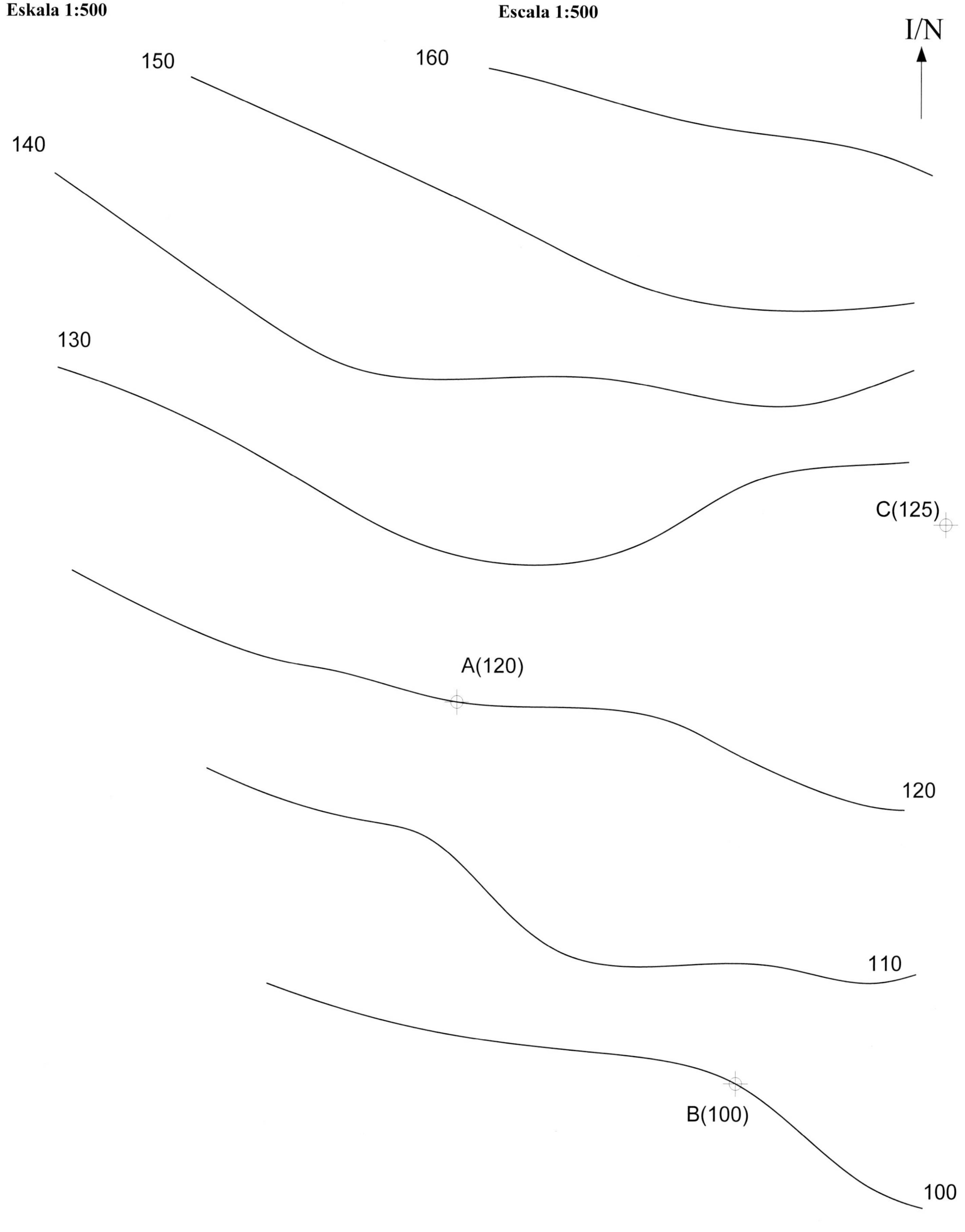

I/N

150

160

140

130

C(125)

A(120)

120

110

B(100)

100

Norabidea= 82º; Potentzia= 4,9 m Buzamendua = 26º
Rumbo= 82º; Potencia= 4,9 m; Buzamiento= 26º

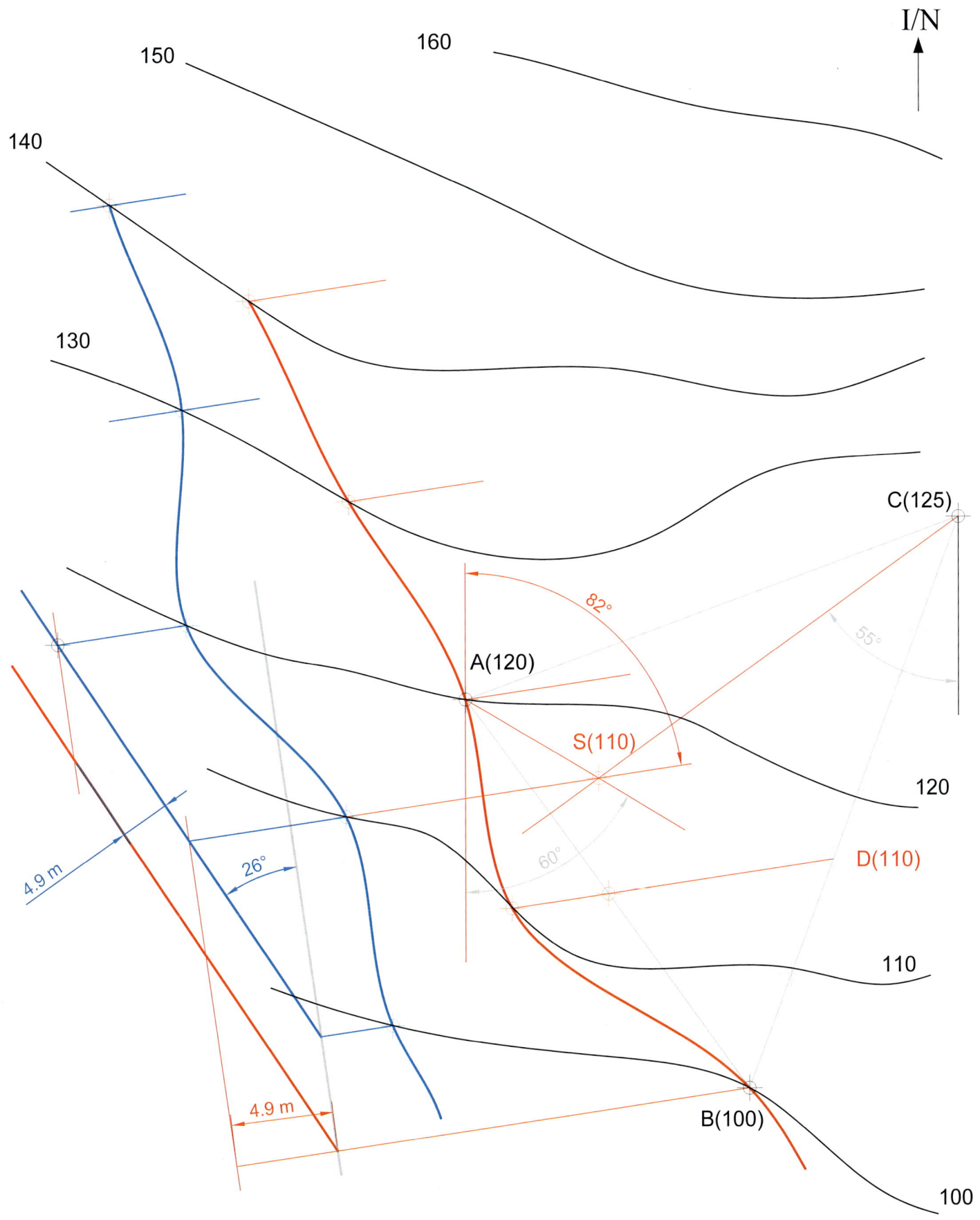

Mea-geruza bat definitzeko, zundaketa bertikal bat egin da A1 puntuan, geruzaren sabaia 20 metro sakondu eta gero aurkituz. Lurrazaleko A2 puntuan sabai bereko beste puntu bat aurkitu da. Lurrazaleko B1 puntuan beste zundaketa bat egin da 30º HM-eko norabidearekin eta 52º-ko beheranzko maldarekin, eta 76 metro sakondu eta gero mea-geruzaren zorua aurkitu da. B2 puntuan zoru beraren azaleratzeko beste puntu bat aurkitu da.

Aurkitu mea-geruzaren norabidea, buzamendua eta potentzia eta marraztu haren azaleratze-lerroak.

Eskala 1:1.000

Para la definición de una vena mineral se ha realizado un sondeo vertical en el punto A1, hallando el techo de la vena a una profundidad de 20 metros. En el punto A2 del terreno se encuentra otro punto del mismo techo. Desde el punto B1 del terreno se ha realizado otro sondeo de rumbo 30º SO y una pendiente de 52º descendente hacia la vena, encontrando el suelo de la vena tras perforar 76 metros. El punto B2 es un punto del afloramiento del mismo suelo.

Hallar el rumbo, el buzamiento y la potencia de la vena y sus líneas de afloramiento.

Escala 1:1.000

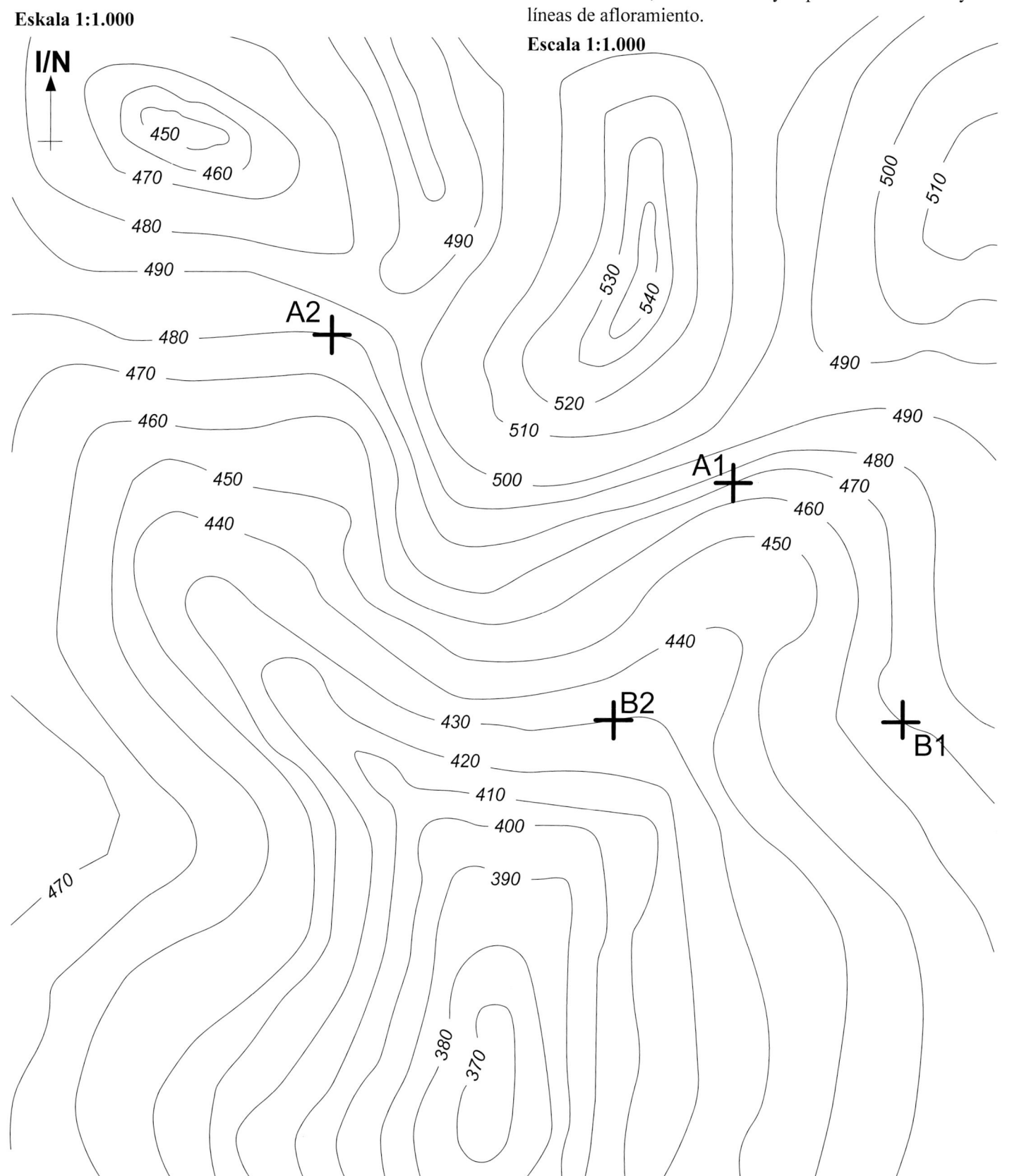

Norabidea= 41º IE; Buzamendua = 21º; Potentzia= 14,1m
Rumbo= 41º NE; Buzamiento= 21º; Potencia= 14,1m

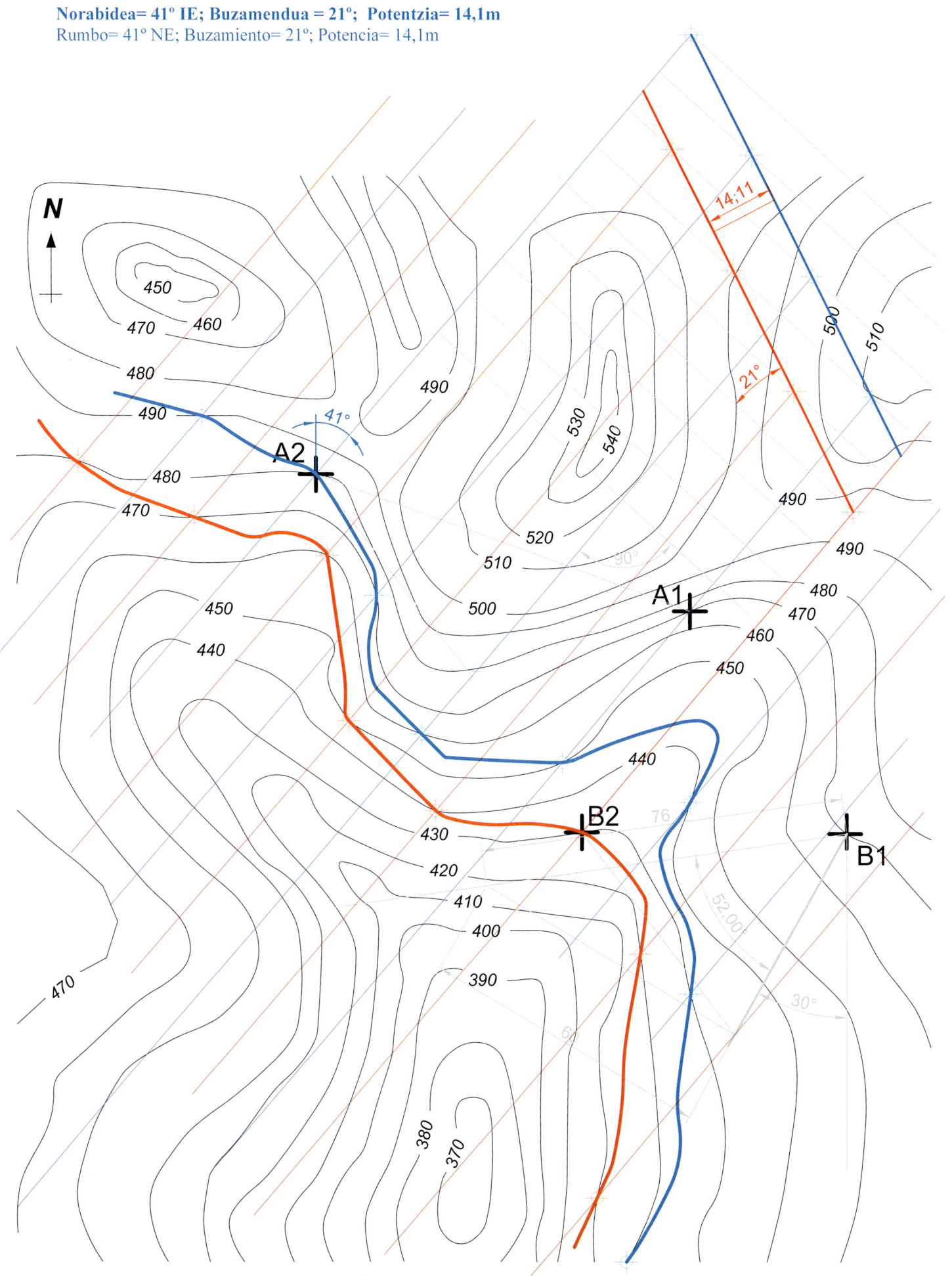

A(160) puntua bere baitan daukan zuzena mea-geruza baten sabaikoa da. Mea-geruzaren buzamendua 45° IM-koa da. Azaleratzearen beste B puntu batetik zundaketa bertikal bat egin da eta geruzaren zorua 56,5 metro zulatu eta gero aurkitu da. Zehaztu ezazu geruzaren norabidea eta potentzia, eta irudikatu itzazu geruzaren azaleramendu-lerroak.

Datuak: zuzenaren malda %50ekoa da, hegoalderantz igotzen da eta haren proiekzioa planoan adierazten dena da.

Eskala 1:2.000

La recta que contiene al punto A(160) pertenece al techo de un estrato de mineral que buza hacia el NO con un ángulo de 45°. Desde otro punto B del afloramiento, se ha realizado un sondeo vertical y se ha encontrado el suelo del estrato tras perforar 56,5 metros. Determinar el rumbo y la potencia del estrato y dibujar las líneas de afloramiento.

Datos: la recta tiene una pendiente del 50%, asciende hacia el sur y su proyección es la que se muestra en el plano.

Escala 1:2.000

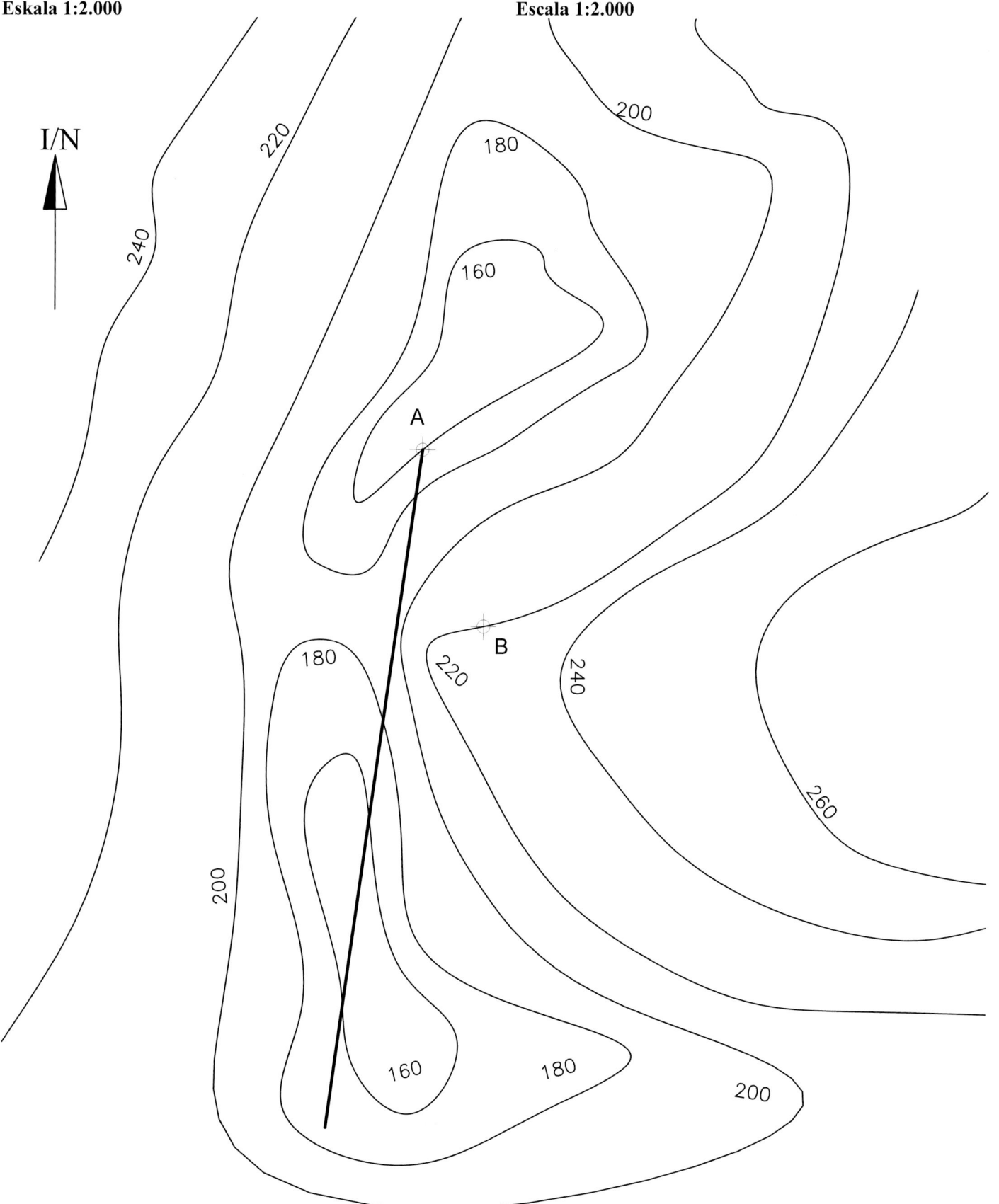

Norabidea= 38º IE; Potentzia= 40 m
Rumbo= 38º NE; Potencia= 40 m

I/N

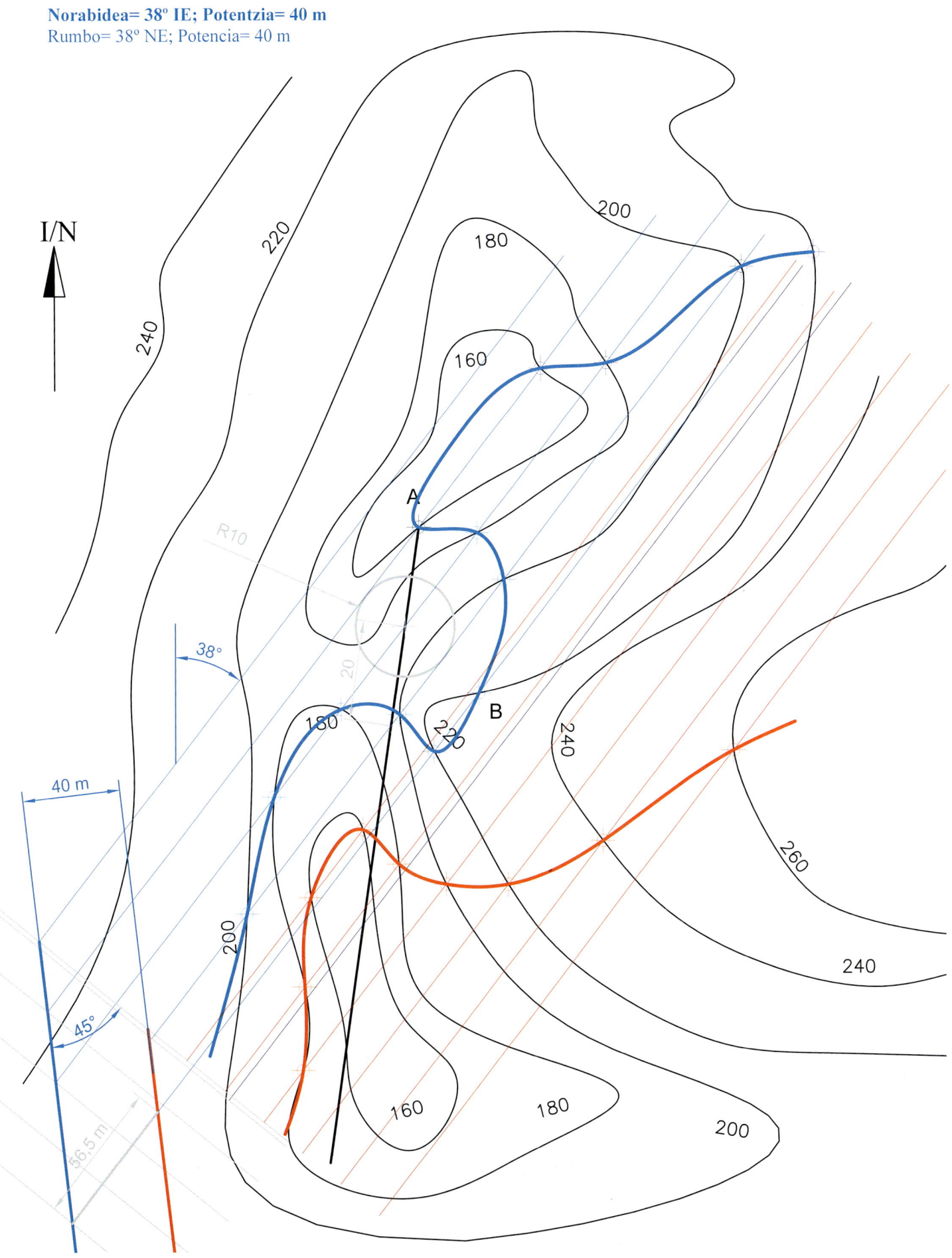

ABC mineral zain baten sabaiko puntuak dira.

1. Kalkulatu zainaren norabidea eta buzamendua.

Lurraren T puntutik zundaketa perpendikular bat egiten da zainarekiko, eta 6 metro jaisten da zorua ukitu arte.

2. Kalkulatu zainaren potentzia, zundaketaren malda eta zoruarekiko elkargunearen proiekzioa.
3. Marraztu sabaiko eta zoruko azaleratze-lerroak.

Eskala 1:200

ABC son puntos del techo de una vena de mineral.

1. Calcular el rumbo y buzamiento de la vena.

Desde el punto T del terreno se realiza un sondeo perpendicular a la vena descendiendo 6 metros hasta alcanzar el suelo de la misma.

2. Calcular la potencia de la vena, la pendiente del sondeo y la proyección del punto de intersección con el suelo.
3. Dibujar las líneas de afloramiento del techo y del suelo.

Escala 1:200

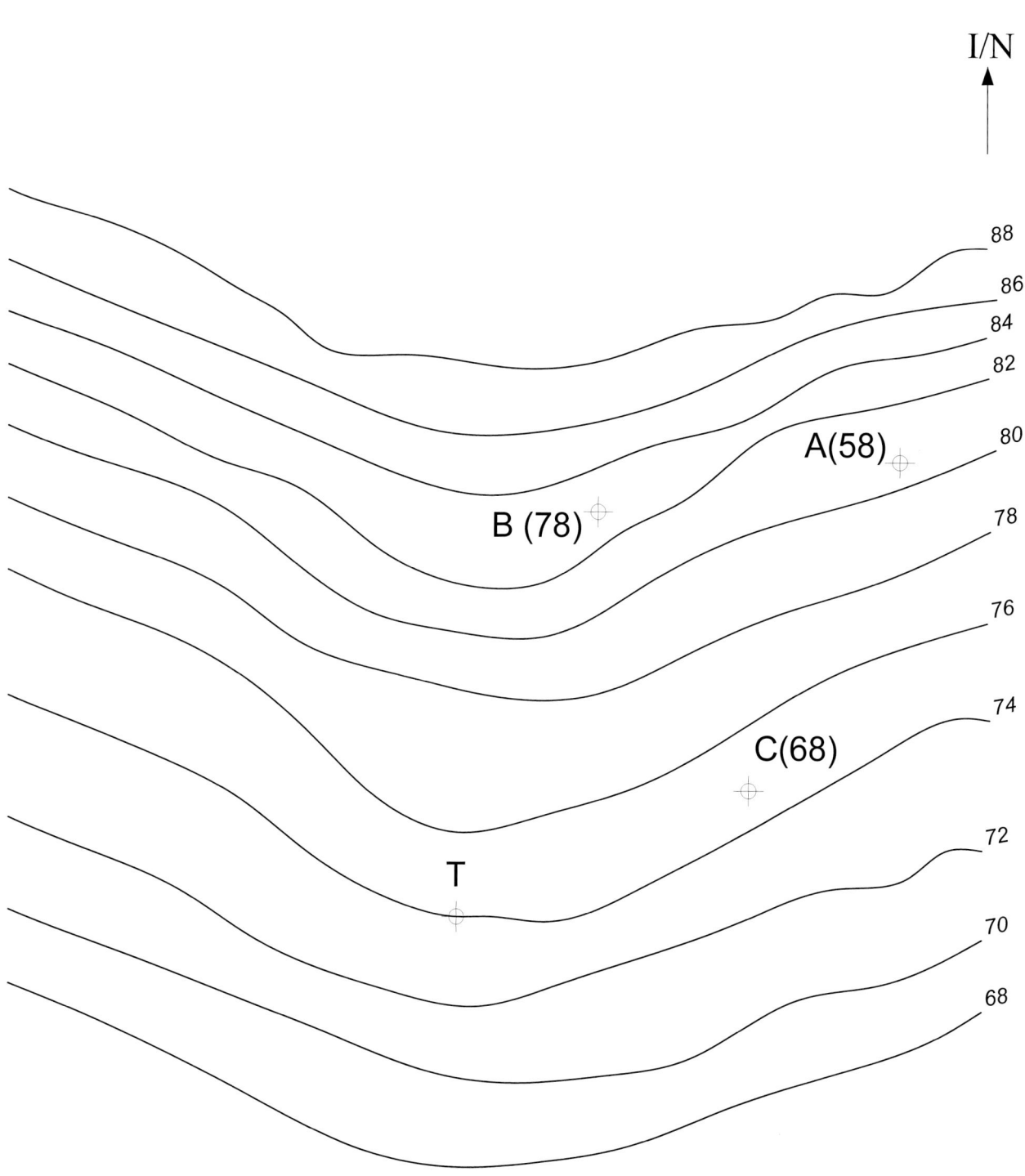

Norabidea= 0º; Buzamendua = 63º; Potentzia= 12 m ; Zundaketaren malda= 27º
Rumbo= 0º; Buzamiento= 63º; Potencia= 12 m; Pendiente del sondeo= 27º

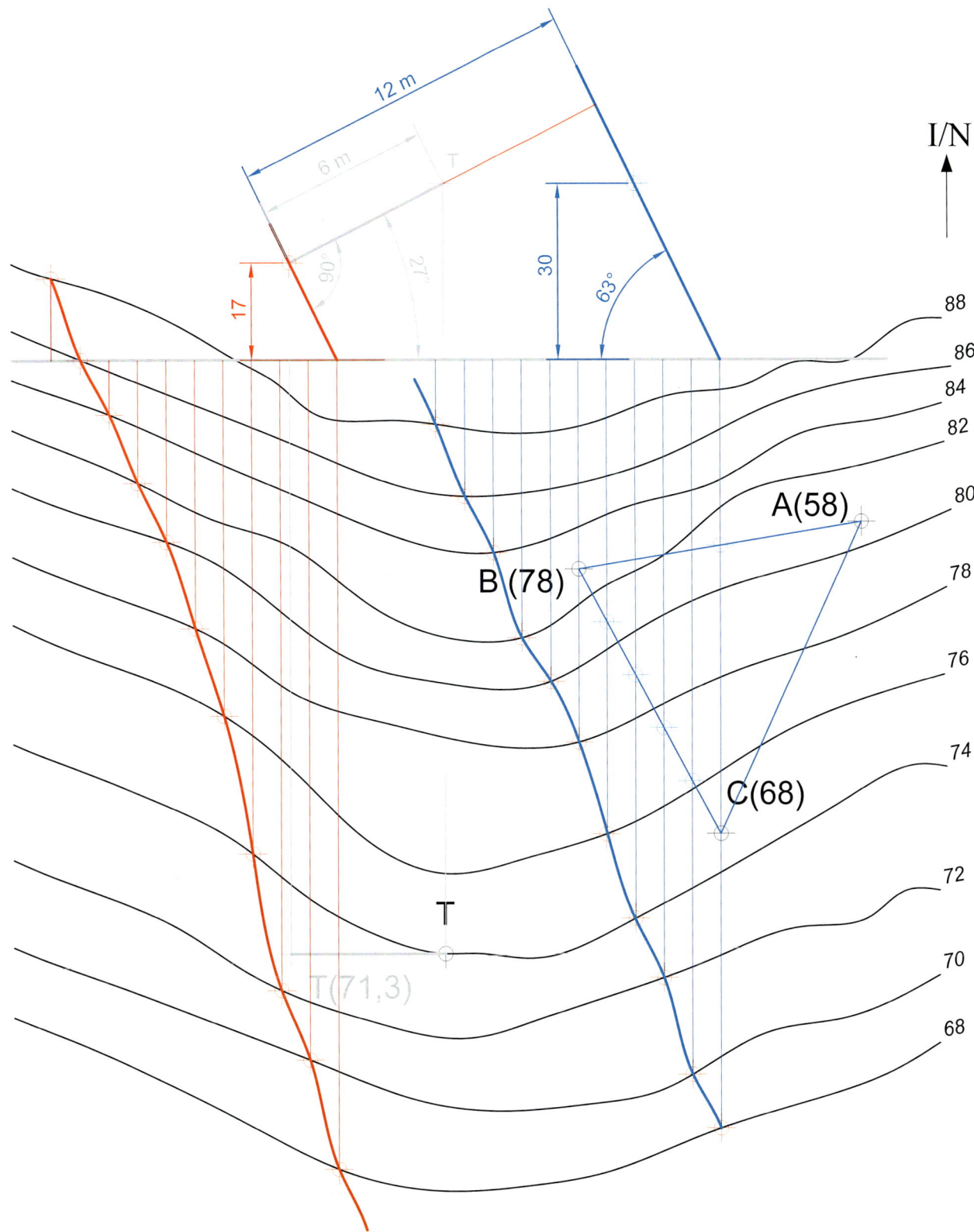